PHILIP ALSEN

Magyar — Vizsla

Praxiswissen Hund

AUSWAHL, HALTUNG,
ERZIEHUNG, BESCHÄFTIGUNG

MIT KOSMOS MEHR ENTDECKEN
Aktuelles
Experten
— wissen
SEIT 1822

KOSMOS

Inhalt

SO SIND MAGYAR VIZSLA

— *Geschichte und Wesen*

„OH WIE SCHÖN, EIN VIZSLA!"

„Die sind aber auch elegant, diese Vizsla!" Wer heute mit seinem „Roten Ungarn" an der Leine durch die Stadt geht, oder ihn auf der Hundewiese laufen lässt, hört so etwas immer wieder. „Ein Vizsla. Wie schön!"

Und das sind sie auch: schlank, elegant, mittelgroß, mit freundlichen braunen Augen, einem rötlichbraunen Nasenschwamm und der offenbar angeborenen Fähigkeit, Menschen schlagartig für sich einzunehmen. Dass die Hunde, sehr zur Freude ihrer Besitzer, heute auf der Straße aber von fast jedem erkannt werden, das ist neu. Tatsächlich ist es erst knapp fünfzehn Jahre – also ein Hundeleben – her, dass man mit einem Vizsla in der Regel nur von Jägern angesprochen wurde. Und die meisten dieser Gespräche hätte man sich gerne erspart: „Oh, ein Vizsla! Geht er denn ins Wasser?" „Äääh, klar, wieso nicht?" „Hab' mal einen auf der Jagd gesehen. Na ja, hübsch war er ja … ." „Hübsch!" Wer einen Jagdhund auf dieses Attribut reduziert, kann es nicht gut meinen. Und das taten die deutschen Jäger lange auch nicht. Warum? Sie hielten diese Hunde für unbrauchbar. Und hatten sie recht? Na ja, ein bisschen. Sagen wir es so: Der Vizsla hatte ein paar kleine „Anlaufschwierigkeiten".

Jagdhund mit Familiensinn: Kaum eine Rasse hat in den vergangenen Jahren so viele Freunde gefunden.

„Magyar" bedeutet „Ungarisch", „Vizsla" Hühnerhund. Vizsla waren früher die Hunde der Falkner.

EIN BISSCHEN VIZSLA-GESCHICHTE

Die Geschichte der Vizsla ist eng mit der Geschichte Ungarns verbunden, einem Land, das nur ungefähr so groß ist wie Bayern und Mecklenburg-Vorpommern zusammen. Geografisch wird Ungarn durch zwei weitläufige Tiefebenen geprägt: die sogenannte „Puszta", auf Deutsch: Ödnis. Es ist eine von Menschen geschaffene Kulturlandschaft. Die ungarischen Wälder nämlich wurden bereits im 16. Jahrhundert abgeholzt, die Stämme an den Ufern der Donau und der Theiß, ihres längsten Nebenflusses, zu Dämmen aufgetürmt. Der Grundwasserspiegel sank, die Landschaft versteppte, die Böden versalzten. Nach und nach entstand so ein bis zum Horizont reichendes, beinahe baumloses Grasland, das bis vor rund 200 Jahren noch regelmäßig überflutet wurde, weshalb man dort gar nicht erst versuchte, Ackerbau zu betreiben. Für Rebhühner, Fasane, Wachteln, Reiher und Hunderte anderer Vogelarten aber war es ein Paradies. Das hohe Gras bot reichlich Deckung, und es gab jede Menge Insekten und Kräuter als Nahrung. Der Wildreichtum machte die Puszta zum beliebten Jagdrevier der Adeligen. Hoch zu Pferde, einen Falken auf der Faust, ritten sie hinaus in die Steppe. Die Hunde, die sie mitführten, suchten Wild. „Vizsla" (die genaue Wortherkunft wurde nie geklärt) bedeutet schlicht Hühnerhund, „Magyar" heißt: „Ungarisch".

DIE HUNDE DER PUSZTA

Die Puszta war das Revier der Vogeljäger, und die Vizsla waren ihre Hunde. Mit hoher Nase gegen den Wind durchkämmten sie unermüdlich das Gras und verharrten, wenn sie Witterung bekamen. Wer

mit dem Netz jagte, hatte jetzt die Möglichkeit, sich vorsichtig heranzuschleichen, um die Beute zu fangen, Falkner konnten ihre Vögel bereit machen. Erst mit der Erfindung von zielgenauen Jagdgewehren in der Mitte des 19. Jahrhunderts kam das Apportieren dazu.

DIE JAGD PRÄGTE DAS WESEN

Natürlich hat die Art, wie man mit ihnen jagte, das Wesen der Vizsla geprägt: Denn Falkner brauchen keine Hunde, die hinter dem Frettchen her sind, dem Vogel die Beute streitig machen oder ihn sogar selbst fressen wollen. Außerdem müssen sie leichtführig, intelligent und leicht zu erziehen sein, denn ein berittener Jäger hat mit Pferd und Vogel schon genug zu tun. Ein dickschädeliger Vierbeiner, der seinen Job nicht versteht, ist für einen Falkner schlicht unbrauchbar.

Das Anzeigen von sich im Gras drückenden Wild ist ihre ursprüngliche Aufgabe.

DIE VIZSLA IN DEUTSCHLAND

Mag sein, dass der eine oder andere Vizsla schon hier gelebt hat, die offizielle „Geschichtsschreibung" der Vizsla in Deutschland aber beginnt 1971.

„DER GULASCH-KOMMUNISMUS"

Ungarn lag damals zwar hinter dem Eisernen Vorhang, so streng abgeschottet wie andere Ostblockländer aber war das Land nicht. Ganz in Gegenteil, Gäste aus dem Westen waren jederzeit herzlich willkommen. Der Grund war profan. Man wollte ihr Geld. Denn Ungarn hat kaum Bodenschätze. Wer etwas verdienen wollte, musste mit dem Westen handeln.
Der Devisen wegen erließ der nach dem blutig niedergeschlagenen Volksaufstand im Oktober 1956 von Moskau eingesetzte Ministerpräsident János Kádár deshalb Lockerungen, den sogenannten „Gulasch-Kommunismus". Praktisch hieß das, dass man in Budapest mindestens genauso gut shoppen konnte wie in Berlin, vielleicht sogar besser: In den Auslagen der Schaufenster lagen Rasierapparate von Siemens, japanische Radios und Luxusartikel jeder Art. Kaufwillige „Wessis" gab's genug: Auf den Straßen sah man mehr Mercedes, Renaults und Fiats als in Moskau. Westliche Radiosender wurden nicht gestört, der Empfang des österreichischen Fernsehens war einwandfrei, und an den Eingangstüren der eleganten Geschäfte klebten Plaketten mit der Aufschrift „American Express", „Diners Club" und „Man spricht deutsch".

„PICI", DAS MITBRINGSEL

Fast 900.000 Westtouristen reisten 1971 nach Ungarn, darunter auch ein Zahnarzt aus München. Und statt üblicher Mitbringsel wie einer Flasche „Pálinka", einem traditionellen Obstbrand, oder einer Salami vom „Mangalica"-Schwein, brachte er seiner Familie einen jungen Vizsla mit: eine Hündin namens Pici. Die Familie war begeistert. Doch nicht lange, denn dann kam es, wie es häufig eben so kommt: Der Doktor ging in die Praxis, der Hund blieb allein – und weil Alleinsein langweilig ist, zerlegte Pici die Wohnung: Türen zerkratzt, Möbel angenagt, Teppich herausgerissen, Totalschaden. Das Urteil des Familienrats: Der Hund muss weg! Doch wohin? Einer der Patienten des Zahnarztes war Förster, und der wiederum kannte einen jungen Forstbeamten namens Schröpfer, der einen Hund suchte. Zwischen Schröpfer und Pici war es Liebe auf den ersten Blick, und sie währte drei Jahre. Dann wurde Schröpfer nach München versetzt, bezog eine Wohnung am Ostbahnhof und bekam angesichts des städtischen Umfelds ein schlechtes Gewissen. „Das konnte ich dem armen Hund nicht antun“, erinnert er sich in einem Brief und rief in seiner Not jemanden an, der ihn schon mehrfach um Pici beneidet hatte: den Förster Josef Rauwolf. „Du, Sepp“, sagte er am Telefon: „Du wolltest doch einen Welpen, jetzt kannst du den ganzen Hund haben. Ich kann der Pici das München nicht antun.“

Rauwolf, der die Vizsla aus dem Krieg kannte, sagte sofort „Ja!“ – und aus der Zuneigung zu Pici wurde bald eine Passion. Rauwolf beschloss, die Vizsla zu züchten und auch andere Jäger von ihnen zu begeistern. Ein Plan, der schließlich zu seinem Lebenswerk wurde.

Vizsla am Wasser: Früher hätte so ein Bild Seltenheitswert gehabt. Vizsla galten als wasserscheu!

„Voran Apport“: Vizsla sind heute auch bei Jägern im Kommen. Die Zucht hat Schwächen ausgebügelt.

DIE GRÜNDUNG DES VUV

Am 14. November 1977 gründete er mit einer Handvoll Gleichgesinnter den VUV, den „Verein Ungarischer Vorstehhunde“, bis heute der einzige Zuchtverein in Deutschland, der aufgrund seiner Zuchtverordnung und Statuten von der internationalen Hundewelt anerkannt wird. Dass dort nur Jäger Mitglied werden konnten, hat praktische Gründe: Zum einen gab es damals kaum eine andere Zielgruppe, die sich für Hunde interessierte, vor allem aber war die Szene überschaubar: Klingelte ein Jäger an Rauwolfs Tür, um sich die Hunde anzuschauen, klopfte der leutselige Förster im Gespräch unmerklich alle für ihn wichtigen Punkte ab, nur um in den kommenden Tagen eine Menge seiner Dienstzeit dafür zu opfern, Bürgen zu finden, die das von sich selbst gemalte Bild der Bewerber bestätigten. Wer von Rauwolf einen Welpen bekam, war im wahren Sinne des Wortes auserwählt.

EIN GANZ BESONDERER JAGDHUND

Pici war die erste Hündin; bis man genug Hunde für eine anständige Zuchtbasis hatte, dauerte es aber. Denn trotz aller Erleichterungen, die den Handel mit und die Einreise nach Ungarn ermöglichten, war es nicht so leicht, gute Hunde zu finden. Zum einen, weil es selbst in Ungarn gar nicht so viele von ihnen gab, vor allem aber, weil kaum jemand vertrauensvolle Beziehungen nach Ungarn hatte. Hinzu kamen Sprachprobleme. Kaum ein Ungar sprach Englisch oder Französisch. Mit Russisch wär's wohl gegangen, aber das sprachen nur wenige Deutsche. Und wenn es sprachlich klappte, gab's unterschiedliche Auffassungen darüber, was einen guten Jagdhund ausmachte. Mit feiner Nase suchen, das gefundene Wild fest vorstehen und es auf Kommando aus der Deckung drücken – mehr wurde von einem guten Vizsla in Ungarn nicht verlangt. In Deutschland war das ganz anders: Hier muss ein guter Jagdhund ein „Vollgebrauchshund" sein. Ein Hund, der bei der Jagd im Feld eine ebenso gute Figur macht wie am Wasser oder im Wald. Der auf der schwierigen Nachsuche nach verletztem Wild einsetzbar ist, Wildschweine laut bellend aus der Dickung treibt und auch nicht lange zaudert, wenn es gilt, einen Fuchs oder Marder zu greifen. Kurz: ein Alleskönner für jede Gelegenheit. Und das war das Problem: Denn so gut Vizsla im Feld arbeiteten, so wenig waren die meisten für den Rest zu gebrauchen. „Als ich zwölf Jahre alt war, stand eines Morgens der Förster Josef Rauwolf bei uns vor der Tür, um meinen Vater zu fragen, ob er an den Teichen in unserem Revier üben könne", erinnert sich ein VUV-Gründungsmitglied. „Er habe da diese zwei ungarischen Vorsteher, die noch ein bisschen Probleme mit dem Wasser hätten ..." „Ein bisschen Probleme mit dem Wasser", das war sehr nett ausgedrückt, die Hunde gingen nämlich gar nicht rein. Also schickte der Vater seine beiden Söhne in den moderigen Teich, um die Hunde an Leinen hinter sich herzuziehen. „Wochenlang ging das so, bis wir Jungs irgendwann aus dem Fenster kletterten, sobald wir den jagdgrünen Wagen des Försters auf den Hof rollen sahen."

SONDERBARE MENSCHEN

Doch es waren nicht nur die mitunter unerfüllten jagdlichen Ansprüche, die das Bild der Vizsla in den ersten Jahrzehnten prägten. Auch die „Vizsla-Leute" schienen sonderbare Menschen zu sein: Sie lehnten die damals für Jagdhunde übliche Zwingerhaltung ab, dachten sich alternative Methoden der Hundeausbildung aus, legten ihren Hunden im eiskalten Wind wärmende Decken um und hatten überhaupt nichts dagegen, sich mit ihnen das Sofa zu teilen. Manche – und damit war das Maß an Unverständnis dann auch voll! – hatten sogar Katzen im Haus. Große Güte: Ein friedlich mit einer Katze zusammenlebender Jagdhund, das überstieg die Vorstellungskraft der meisten damaligen Jäger, und mit Blick auf ihren Lang- oder Drahthaar urteilten sie: „Nein, das kann nichts werden!" „Wenn wir damals zu einer Hundeprüfung antraten, ging es nicht um hohe Punktzahlen, sondern allein ums Bestehen", erinnert sich eine ältere Vizsla-Führerin aus Niedersachsen. „Und wenn die Richter keine Lust auf unsere Hunde hatten, dann ging's zuerst ans Wasser. Danach war die Prüfung dann meist tatsächlich vorzeitig beendet."

Gruppenbild mit Vogel: Der Autor mit seinem Rudel.

GESCHICHTEN AUS DEN FRÜHEN JAHREN

Seltsam anmutende Geschichten aus den frühen Jahren der Vizsla in Deutschland gibt es viele. So sah Theo Janisch, eines der ersten Mitglieder des VUV und seit fast 50 Jahren ein glühender Anhänger der Rasse, seinen ersten Vizsla im Vorbereitungskurs auf die Jägerprüfung. Einer der Teilnehmer, er saß da gemeinsam mit seiner Frau, war ein ungarischer Adeliger. Ein eher stiller, sehr vornehm wirkender Mann, der oft nach Deutschland kam, um bei seiner Verwandtschaft zu jagen, und deshalb einen hier gültigen Jagdschein machen wollte. „Und neben diesem Mann saß ein unglaublich eleganter Hund, von dem ich sofort fasziniert war", erinnert sich Janisch. Schöne Hunde kannte er zuhauf. Die gab es schließlich auch in Deutschland. „Was diesen Hund so besonders machte, das war sein lebendiges, freundliches Wesen und der wache, intelligente Blick." Der Ausbilder des Kurses, ein in der Gegend sehr bekannter Förster und erfahrener Hundeführer, war offenbar nicht so angetan: Zunächst fragte er die in der Runde sitzenden Jungjäger, welche Jagdhunde ihrer Meinung nach für die spätere Arbeit im Revier denn so in Frage kämen. Vom Deutsch-Drahthaar über die Großen und Kleinen Münsterländer, Pudelpointer bis hin zum Jagdterrier wurde alles genannt. Bestätigendes Nicken des Ausbilders. Gezielt wandte er sich dann an den Ungarn. Hier lautete die Antwort erwartungsgemäß: „Magyar Vizsla". Mit Stentorstimme stellte der Ausbilder anschließend fest: „Das merken Sie sich: Ein deutscher Jäger führt einen deutschen Jagdhund!"

Und so ging das bis weit über das Jahr 2000 hinaus: „Mein Vater, ein langjähriger und 300-prozentiger Drahthaar-Mann und Wachtel-Führer, hätte mich fast gesteinigt, als ich mir meine Vizsla-Hündin kaufte", erzählt eine niedersächsische Jägerin. „Ich stand wohl knapp vor der Enterbung." Tatsächlich raubte die Nachricht über den ungarischen Familiennachwuchs dem Mann zunächst die Stimme. „Ich hab's ihm am Telefon erzählt, weil ich ihm keine Chance geben wollte, mir mein Vorhaben noch mal auszureden. Hat er auch nicht. Stattdessen legte er wortlos auf, und dann dauerte es über eine Stunde, bis er mich zurückrief." Und das Gespräch hätte sie sich auch gerne gespart. „Ob ich denn wirklich seine Tochter sei, fragte er. Ob er Fehler bei der Erziehung gemacht habe und was ich denn mit der wasserscheuen ungarischen Nacktschnecke wolle. ‚Ich denke, du willst jagen.'" Zwei oder drei Jahre später war es dann so weit. „Mein Vater lud mich zur Niederwildjagd ein und meinte am Telefon, ich könne meinen Hund mitbringen. Er sei ja nun ausgebildet, er wolle sich das mal ansehen." Nach dem Verblasen der Strecke gab er dann sein Urteil ab:

Sind Vizsla nur beim Jagen glücklich? Nein, aber sie sind sportlicher als viele denken und brauchen Auslastung.

„Da kann man ja so ganz viel nicht gegen sagen." Für einen Drahthaar-Mann war das wohl das größte Lob, das er aussprechen konnte, mutmaßt seine Tochter. „Mir hat das unendlich viel bedeutet."

Und anderen erging es nicht besser.
„Mein Vater wollte wissen, wo ich den Zwinger bauen wolle", erzählt ein Vizsla-Führer. „Tagelang habe ich mich um die Antwort gedrückt, bin dann damit rausgerückt, dass ich einen Vizsla gekauft habe und keinen Zwinger will. Er sagte nichts, schüttelte aber bedauernd den Kopf."
So schlecht war die Wahl des Sohnes dann aber wohl doch nicht: „Ein in seinen Augen richtiger Jagdhund hatte auf der Nachsuche die Fährte verloren und den von ihm beschossenen Keiler nicht gefunden. Wir waren die Notlösung." Aber eine gute: „Nachdem wir den Keiler gefunden hatten, streichelte er meinem Yuri über den Kopf, sagte leise ‚Gut gemacht!' und glaubte, ich hätte es nicht gehört."

DER VIZSLA UND SEIN RUF

Nein, um den Ruf des Vizsla stand es nicht gut. Auf die „Roten Ungarn" angesprochen, lautete das Urteil oft: Wasserscheu, weich und wenig brauchbar.
Aber war das so falsch? Wenn man ehrlich ist: nein! „Man musste in den ersten Jahren wirklich Glück haben, einen guten Vizsla zu sehen", sagt ein langjähriges Mitglied des Vereins Ungarischer Vorstehhunde (VUV). „Natürlich gab es sie, aber eben nicht viele." Woran lag's? Zum einen sicherlich an der noch jungen Zucht in Deutschland. Nicht ins Wasser zu gehen schien damals schon fast ein Rassekennzeichen zu sein (wobei man fairerweise sagen muss, dass man auch mit dem Kauf eines Deutsch Draht- oder Kurzhaar damals wie heute nicht die Garantie hatte, am Ententeich einen guten Eindruck zu hinterlassen), und auch die den hiesigen Jägern so wichtige Härte gegenüber Raubwild ließ oft zu wünschen übrig.

Wer Hundesport liebt, liegt beim Vizsla richtig.

Mindestens genauso wichtig aber war die Ausbildung. Ein Jagdschein macht noch keinen Hundeexperten. Gleichzeitig zeichnete sich Jagdhundeausbildung damals noch durch eine gewisse Härte aus, und die vertragen die meisten Vizsla tatsächlich nicht gut. Wer damals also einen herkömmlichen Jagdhundekurs besuchte und gedankenlos tat, was der Ausbilder so verlangte bzw. riet, hatte gute Chancen, seinen Vizsla zu verderben.
Wer schon ahnte, dass einem der Hund die „harte Nummer" nicht verzeihen würde, und andere Möglichkeiten suchte, war aber ganz allein – und auch das ist bei der Hundeausbildung keine Position, von der aus man später ganz weit vorne landet.

DAS BLATT WENDET SICH

Um die Jahrtausendwende jedoch wendete sich das Blatt. Plötzlich wurden Hundesportarten wie Agility, Obedience und Mantrailing beliebt. An den Kiosken lagen regelmäßig neue Hundemagazine, Hundeschulen schossen wie Pilze aus dem Boden, und Hundetrainer – vorher höchstens eine Freizeitbeschäftigung im Hundeverein – wurde ein gesellschaftlich anerkannter Beruf. Überhaupt wurde Ausbildung mit einem Mal zu einem Thema, über das auf Hundeplätzen und im Internet leidenschaftlich diskutiert und gestritten wurde. Verhaltensforscher, für deren Arbeit sich jahrzehntelang nur ein kleines Fachpublikum interessiert hatte, bekamen jetzt Buchverträge und hielten Vorträge zu Themen wie „Spielen Hunde?" oder „Wie lernen Kaniden?".
Kurz: Die gesellschaftliche Rolle des Hundes hatte sich komplett verändert – und einer der Gewinner war der Vizsla. Zunächst entdeckten die Hundesportler den fröhlich-verspielten Ungarn, dann wurde er wegen seiner eleganten Erscheinung zum Modehund und schließlich entdeckte ihn auch die Werbewirtschaft: Futter, Versicherungen, Lifestyle-Produkte – fast alles schien sich mit einem Vizsla auf der Verpackung besser zu verkaufen.

Natürlich war das alles nicht nur gut. Dass der Vizsla mitunter zu einer Art „Wunderhund" stilisiert wurde, der sich quasi von alleine erzieht, nicht schmutzt, nur lieb ist und ideal in jede Familie passt, ist höchstens ärgerlich. Schlimm ist, dass die Rasse jede Menge profitorientierte Vermehrer auf den Plan gerufen hat. Tatsächlich hat der Großteil der in Deutschland lebenden Vizsla keine richtigen Papiere. Wir kommen noch drauf…
Tatsache ist: Ist man kein Jäger, kann es ziemlich mühsam sein, einen Vizsla aus einer kontrollierten VDH-Zucht zu bekommen. In der Regel nämlich geben VUV-Züchter Nichtjägern nur einen Welpen, wenn sie nicht genügend Nachfrage von Jägern haben. Und das ist selten der Fall, denn auch bei den Waidmännern ist der Vizsla im Kommen.

Die „Anlaufschwierigkeiten" der ersten Jahre nämlich sind dank guter Züchter, kompetenter Ausbilder und engagierter Hundeführer weitestgehend ausgebügelt, und heute muss, bei guter Führung, niemand mehr fürchten, in einer Prüfung nicht bestehen zu können. Im Gegenteil: Dass ein Vizsla-Führer ob der Leistung seines Hundes von den Richtern Komplimente bekommt, ist gar nicht so selten. Und dass viele der „Pusztablumen" heute noch mit anderen Haustieren zusammenleben – ... nun, spätestens wenn der Drahthaar mit Nachbars Katze im Fang vor einem sitzt, der Anwalt droht und das Ordnungsamt einen Maulkorbzwang verhängt, denken sich auch sehr, sehr hartgesottene Jäger: „Mit einem Vizsla wär das wahrscheinlich nicht passiert."

Ein Ungarisch-Drahthaar auf der Fährte: Nasenarbeit ist eine der besten Wege, Vizsla zu beschäftigen.

Zwei Vizsla, wie der Standard sie vorschreibt. Der Brustfleck der linken Hündin allerdings ist unerwünscht.

UND SO IST ER, DER VIZSLA

„Mittelgroßer, eleganter Jagdhund von edlem Äußeren und mit kurzem semmelgelbem Haarkleid. Der eher leichte, trockene, hagere Aufbau spiegelt die Harmonie von Schönheit und Kraft wider."

So soll er laut FCI-Standard aussehen, der Vizsla. Da kann man sich, so wie es da steht, irgendwie wenig drunter vorstellen, nicht wahr? Man muss mal genauer hinschauen …

DIE FCI

Kurzer Ausflug in die Organisation der internationalen Hundewelt: Die FCI, das ist die „Fédération Cynologique Internationale", sozusagen der „Welt-Rassehunde-Verband". Er wurde 1911 gegründet, hat bis heute 94 Mitgliedsländer, stellt Richtlinien für die Zucht und die gegenseitige Anerkennung von Papieren auf, organisiert internationale Ausstellungen etc. Kurz: Die FCI sorgt dafür, dass kontrollierte Zucht auf internationaler Ebene überhaupt möglich ist. Und eine ihrer wichtigsten Aufgaben ist die Verwaltung und Aktualisierung der Zuchtstandards, einer Auflistung von festgeschriebenen Merkmalen einer Rasse, die als Zuchtziel angestrebt werden.

ZUCHT UND STANDARD

Nun gibt es (und gar nicht mal so wenige) Rassehundebesitzer, die finden Standards unnötig – und tatsächlich werden sie auch in der engagierten Züchterwelt immer wieder thematisiert und sehr oft auch scharf kritisiert. Als Hundebesitzer kann man so denken: Zum einen, weil der eigene Hund immer (und zwar wirklich immer!) der allerschönste Hund der Welt ist. Aber auch, weil ein 70 Zentimeter großer Vizsla ebenfalls ein wunderschöner Hund ist, der einem persönlich viel besser gefallen kann als der nur mittelgroße, 62 bis 64 Zentimeter hohe. Als Züchter aber darf man das nicht. Als Züchter ist es wichtig, sich „am Standard" zu orientieren. Denn wenn jeder macht, wie er will, schleichen sich in kürzester Zeit kleine Veränderungen ein, und schneller, als man denkt, sieht ein Vizsla nicht mehr aus wie ein Vizsla. Und seien Sie versichert: Züchter, die sich um das Äußere nicht scheren, geben sich erfahrungsgemäß auch keine Mühe mit den inneren Werten, dem Wesen und den Anlagen. Wenn Sie also mal zu jemandem kommen, der sich Züchter nennt, und dessen Hunde zu groß, zu klein, zu „brackenartig", zu dürr, zu hell oder zu dunkel sind und der ihnen dann irgendwas von „ursprünglicher ungarischer Linie" oder „Original-Standard" erzählt, nehmen Sie Reißaus.

Und lassen Sie sich bitte auch nichts erzählen: Züchter werden, wenn es um die

Vorstehen im Gras. Das Anzeigen von Wild war die ursprüngliche Aufgabe der Hunde.

Der fleischfarbene Nasenschwamm ist ein Rassemerkmal.

„Wie rettet man sich vor einem aggressiven Vizsla?…

eigenen Interessen geht, mitunter auch seltsam. So wurde vor nicht allzu langer Zeit auf der Website einer Züchterin ein Vizsla, der mit langem Fell geboren wurde, als „sehr selten“ und „exotisch“ angepriesen. Dabei handelt es sich schlicht um einen Zuchtfehler. Für den kann die Dame zwar nichts (in den Jahren vor 1900 wurden unter anderem auch Setter in die Rasse eingekreuzt, und diese Gene kommen mitunter immer mal wieder durch, weshalb es auch Vizsla mit Pointer-Köpfen gibt), aber den Hund deshalb als etwas ganz Besonderes darzustellen, ist schlicht marktschreierisch. Und damit wir uns nicht falsch verstehen: Ein mit langem Fell geborener Vizsla-Welpe wird zu einem wunderschönen Hund heranwachsen. Er entspricht eben nur nicht mehr dem Rassebild eines Vizsla und sollte sich deshalb auf keinen Fall vererben.

WIE HILFREICH IST DER STANDARD?

Hilft der Standard denn nun dem „normalen“ Vizsla-Interessenten, der weder auf die Jagd noch zu Ausstellungen gehen oder züchten will? Ja, er hilft. Denn er beschreibt nicht nur körperliche Merkmale, sondern auch charakterliche Züge, die ein Vizsla haben sollte. Wenn Sie sich also fragen, ob ein Vizsla der richtige Partner für Sie ist bzw. Sie eigentlich schon „Vizsla-ready“ sind, aber noch einen letzten kleinen Schubs brauchen, sind die nächsten Absätze aus dem Standard mit entsprechenden Erklärungen für Sie:

„Verwendung: Vielseitig einsetzbarer Jagdgebrauchshund, der sowohl im Feld, im Wald und im Wasser …“

... Man springt in eine Pfütze." Witze wie diesen gab's früher viele.

Heute ist Wasserfreude die Regel statt die Ausnahme.

Ja, Vizsla sind Jagdhunde – und zwar ziemlich gute! Vielleicht fehlt es dem einen oder anderen an einer gewissen Schärfe, und nur wenige haben einen Laut. Aber sie haben Passion, eine fantastische Nase, einen unglaublichen Arbeitswillen, Intelligenz und bringen von ihren Anlagen her jede Menge Führigkeit mit. Heißt das jetzt aber, dass der Vizsla einen so großen Jagdtrieb hat, dass er hinter jedem Hasen und jedem Reh her ist?

Also zunächst mal: keine Sorge! Und nun ein bisschen Erklärung: Jeder Hund, egal ob Rassehund oder Mischling, hat Jagdtrieb. Und die, die noch nicht hinter einem Hasen her sind, haben nur noch nicht gemerkt, wie viel Spaß das macht. Denn Hetzen ist selbstbelohnend. Während der Hatz schüttet der Körper Adrenalin, Dopamin, Endorphine und eine Menge mehr aus. Die ganze körpereigene Drogenproduktion läuft auf Hochtouren. Das heißt: Die Hunde hetzen, weil es sich gut anfühlt. Der Hase ist nur ein Bewegungsreiz, der die Hatz auslöst. Und Jagdhunden geht es da nicht anders als allen anderen. Der Witz bei einem guten Jagdhund liegt darin, dass man die Jagd kontrollierbar macht. Das heißt: Ein guter Jagdhund ist in allererster Linie gut erzogen – und das liegt allein an Ihnen. Kurz: Erziehen Sie Ihren Vizsla, jagt er keine Rehe, tun Sie's nicht, jagt er fröhlich jedem Vogel, jedem Reh und jeder Duftspur hinterher. Und nun eine gute Nachricht: Vizsla machen einem die Erziehung nicht sehr schwer. Natürlich macht es Mühe, kostet Zeit und mitunter auch Geld, aber all das lohnt sich. Ein gut erzogener Vizsla macht es Ihnen leicht, mit ihm glücklich zu werden.

„Er verträgt sowohl schwieriges Gelände als auch extreme Wetterlagen …"

Also bei dem Satz weiß man nicht wirklich, was die Verfasser des Standards sich gedacht haben. „Schwieriges Gelände" ist sicherlich eine Frage der Definition, „extreme Wetterlagen", also zu heiß, zu kalt, zu nass oder zu trocken, verträgt der Vizsla aber nur sehr bedingt. Warum? Weil er ein sehr kurzes Fell und keine Unterwolle hat. „Kurzes Fell und keine Unterwolle" bedeuten aber auch „kein Schutz des Körpers vor äußeren Faktoren", also Regen, Temperatur, Dornen oder Sonnenstrahlen. Fragen Sie Vizsla-Besitzer mal, wo ihre Hunde liegen. Sehr selten auf dem kalten Fußboden! Und wie sieht

Vizsla haben kein Unterfell. Im Winter ist es kein Problem …

… solange die Hunde laufen und sich frei bewegen können.

Sitzen sie still, kühlen sie schnell aus und brauchen einen Mantel.

ein scharfes „Down" auf der nassen Novemberwiese aus? Meist wie ein halbherzig ausgeführter Liegestütz … Nun muss man einen Vizsla bei Regen, Schnee und Eiseskälte sicherlich nicht vor dem Ofen parken. Aber man muss in seinem Sinne ein wenig mitdenken: Bewegt er sich im Winter über ein Feld, ist es egal, wie kalt es ist, der Körper hält die etwa 38 Grad Körpertemperatur. Muss er allerdings bei Minusgraden und eisigem Ostwind am Ententeich ausharren, kühlt er schnell aus. Und „ja", es stimmt: Die meisten reißen sich auch nicht gerade darum, bei Regen spazieren zu gehen. Aber: Das alles gilt nur, wenn außer „Wetter" nichts los ist. Hat der Vizsla für sich etwas entdeckt, was ihm Spaß macht, sind ihm Regen, Wind und Eis egal, dann nämlich ist er voll bei der Sache und springt auch bei Minustemperaturen anstandslos ins Wasser, um einen Schilfgürtel zu durchstöbern, eine Ente zu apportieren oder den Agilityparcours in neuer Rekordzeit zu durchqueren. Legen Sie ihm später einfach eine Wärmedecke um.

„Widerristhöhe: Rüden: 58–64 cm, Hündinnen: 54–60 cm …"

Vizsla sind tatsächlich nur mittelgroße Hunde. Wenn Sie sich also fragen, „Rüde oder Hündin?", ist die Größe kein Argument. Natürlich wiegen Rüden ein paar Kilo mehr, aber die paar Zentimeter Größenunterschied machen den Kohl nicht fett, wenn es um die Frage geht, ob auch die Kinder mit ihm spazieren gehen können.

Körpernähe, ein Grundbedürfnis der „Roten Ungarn".

Rüden sind übrigens auch nicht schwerer zu erziehen als die Hündinnen. Lassen Sie sich bei der Geschlechterfrage eher davon leiten, wofür sie ihn brauchen. Beispiel: Haben Sie bereits eine Hündin, kann's mit einem Rüden zweimal im Jahr anstrengend werden. Sind Sie Jäger und möchten ihn bevorzugt auf der Nachsuche einsetzen, können die paar Kilo, die ein Rüde mehr hat, im Ernstfall den Unterschied machen.

Verhalten/Charakter (Wesen): Lebhaft, freundlich, ausgeglichen, leicht erziehbar. Die hervorragende Kontaktbereitschaft gehört zu seinen grundlegenden Eigenschaften. Er verträgt keine grobe Behandlung und darf weder aggressiv noch scheu sein.

Stimmt (fast) alles! Lebhaft und freundlich sind sie eigentlich alle. Natürlich trifft man von Zeit zu Zeit auch einen Vizsla, der schwierig ist oder sogar beißt. Aber dann muss man mal in sein Leben hineinschauen und sich fragen, warum das so ist. In der Regel nämlich machen die charakterlichen Anlagen es den Besitzern sehr leicht, mit ihnen glücklich zu werden.

An dieser Stelle eine kleine Warnung: Dem Wort „freundlich" könnte man auch das Wort „charmant" hinzufügen. Sie schaffen es in kürzester Zeit, Menschen um ihre Pfote zu wickeln. So weit ist ja auch alles gut. Problematisch wird es, wenn sie damit anfangen, auf liebenswert-spielerische Art ihren Willen durchzusetzen und zuerst Ihr Sofa, dann Ihren Lieblingssessel und schließlich Ihr Bett erobern. Man kann mit so einer Eigenart gut leben, sollte sich aber bewusst sein, was auf einen zukommt.

Außerdem muss man die Beschreibung „hervorragende Kontaktbereitschaft" richtig deuten: Das heißt nämlich nicht nur, dass der Vizsla Menschen grundsätzlich freundlich und fröhlich begrüßt, es bedeutet auch, dass er versuchen wird, möglichst viel Körperkontakt zu ihnen zu haben. Merke: Ein Vizsla, der versucht, Ihnen auf den Schoß zu klettern, ist häufiger als einer, der es nicht probieren wird ... Ausgeglichen im Sinne von „in sich ruhend" hingegen sind sie leider nicht alle. Ganz im Gegenteil: Es gibt eine Menge Vizsla, die geradezu als „hippelig" bezeichnet werden müssen. Woran es liegt? Nun, zum einen weiß man heute, dass sowohl Nervosität als auch Ängstlichkeit genetische Faktoren haben. Gleichzeitig spielt das Umfeld eine große Rolle. Ein Vizsla, der in einem Haushalt mit vier kleinen Kindern groß wird, die alle mit ihm spielen, schmusen und an seinen Ohren zupfen wollen, muss irgendwann nervös werden. Genau wie ein Vizsla, dessen von Frauchen zusammengestelltes Beschäftigungsprogramm dem eines hochbegabten Kindes ähnelt: morgens kurze Gassirunde, danach Hundeschule, anschließend Dog-Dancing-Kurs, später noch eine Runde auf dem Agilityparcours und zum Abend noch ein bisschen Fahrrad fahren.

Vizsla begrüßen tatsächlich fast jeden Menschen freundlich. Manchmal neigen sie dabei zur Übertreibung …

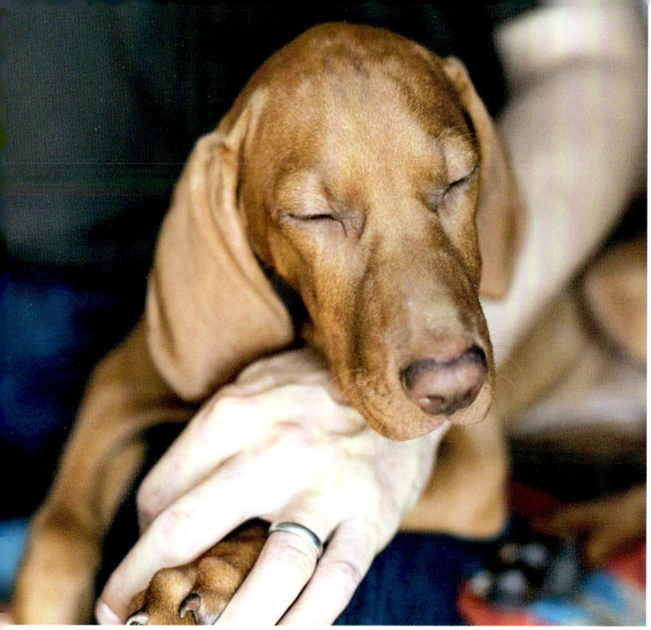

Ein junger Rüde döst im Arm seiner Besitzerin.

Merke: Ginge es nach ihnen, würden Hunde um die 19 Stunden des Tages dösen und schlafen! Und das ist wichtig: Hunde brauchen Ruhe. Möchten Sie einen ausgeglichenen, ruhigen und angenehmen Alltagsbegleiter, geben Sie ihm die Chance, Ruhe „zu lernen".

Leicht erziehbar? Also einen „angeborenen Gehorsam" haben sie, wie manche Autoren schreiben, ganz gewiss nicht! Aber ja, verglichen mit anderen Hunderassen sind sie tatsächlich relativ leicht erziehbar. Sie sind im Allgemeinen recht intelligent, wollen gefallen und haben Spaß an gemeinsamen Unternehmungen. Außerdem stellen sie ihre Besitzer nicht in Frage. Sicherlich erziehen sie sich nicht von alleine, grundsätzlich aber braucht man einem Vizsla nicht jeden Tag neu erklären, wie sich die Welt dreht.

Er verträgt keine grobe Behandlung …
Das ist definitiv so! Lautes Herumgeschimpfe und die sprichwörtlich „harte Hand" sind ein absolutes No-Go! Denken Sie an die Zeit, in der die ersten Vizsla nach Deutschland kamen und hier nicht nur unangenehm auffielen, weil sie nicht ins Wasser gingen, sondern auch ihre Besitzer irgendwie „verrückte Hunde" waren, die ständig nach neuen Wegen der Hundeausbildung suchten, statt ihren Hunden einfach mal die Leine über die Kruppe zu ziehen, wie es damals üblich war. Vizsla sind keine Weicheier, aber relativ sensibel. Sie sind enorm lernfähig, wollen gefallen, ziehen sich bei zu starkem Druck aber mimosenhaft in sich selbst zurück. Wer bei ihnen was erreichen will, muss motivieren können, vor allem aber die Kunst der „liebevollen Konsequenz" beherrschen.

Farbe: Verschiedene Abstufungen von Semmelgelb … Die Fellfarbe des Vizsla sollte eigentlich Semmelgelb sein, eine Farbe, die an ein zu kurz gebackenes Brötchen erinnert. Tatsache aber ist: Die meisten Vizsla sind heute eher rotbraun, und den meisten Vizsla-Freunden gefällt das auch besser. Züchterisch gewollt aber ist das ursprüngliche hellere „Semmelgelb".

Rute: Ein wenig tief angesetzt, am Ansatz kräftig, sodann sich verjüngend. In Ländern, in denen kein Kupierverbot gesetzlich vorgeschrieben ist, wird die Rute vorsorglich für den Jagdeinsatz um ein Viertel gekürzt.
Stimmt so nicht mehr! Da in Deutschland ein Kupierverbot gilt, wird man als Nichtjäger immer einen unkupierten Welpen bekommen. Doch auch bei den jagdlichen Züchtern dreht sich der Wind gerade, und immer häufiger verzichten auch sie auf das Kupieren. Die Einsicht, dass die Rute eines Hundes vielfältige körpersprachliche und physiologische Funktionen erfüllt, überwiegt das Argument, dass der Hund sich auf der Jagd die Rute verletzen könnte.
Tatsächlich aber sollte man als guter Vizsla-Besitzer ein wenig auf die in der Regel nicht sehr kräftige Rute aufpassen. Vizsla haben eine enorm hohe Wedelfrequenz und peitschen mit ihrer Rute gerne mal gegen Knie, Türen und Schränke. Ersteres tut nur anderen weh, schlägt die Rutenspitze aber auf, ist es unangenehm, weil solche Wunden ganz schlecht heilen bzw. auch fast unmöglich zu verbinden sind.

Dass Sessel bequem sind, finden die Hunde schnell heraus. Diese Hündin ist übrigens semmelgelb.

Ein älterer UD-Rüde steht vor.

UNGARISCH DRAHTHAAR – DER DRAHTIGE BRUDER

Was passiert, wenn man zwei Hundeführer zusammen an einen Tisch setzt? Richtig: Es dauert nicht lange und sie quatschen über Hunde. Stundenlang. Als Nichthundemensch sitzt man in solchen Situationen mitunter daneben, schläft vor Langeweile fast ein und wundert sich über die Begeisterung der anderen.

Diese Tatsache vorweg, stellen Sie sich jetzt bitte eine verqualmte Dorfschenke Mitte der 30er-Jahre irgendwo in Ungarn vor. Am Tisch sitzen eine Handvoll Jäger, trinken Bier, ziehen an ihren Pfeifen, erzählen und diskutieren: über Wild, neue Gesetze und natürlich über die bevorstehende internationale Anerkennung des Vizsla als erste nationale Rasse Ungarns. Ist er wirklich der perfekte Jagdhund? Gäbe es vielleicht etwas zu verbessern? „Nein", sagten die meisten. Der Vizsla mit all seinen Anlagen, seiner Intelligenz und Führigkeit sei gut, wie er ist. „Das stimmt", befanden andere, machten aber darauf aufmerksam, dass das kurze Fell weder vor Ästen, Dornen oder dem Wetter schütze.

Der UK (links) ist die ältere Rasse, in den UD (rechts) wurden Deutsch-Drahthaar eingekreuzt.

Kopfstudie eines Ungarisch-Drahthaar (UD).

DIE GEBURTSSTUNDE

Diskussionen wie diese gab es überall im ganzen Land, und so war es nur folgerichtig, dass irgendwann jemand sagte: „Na gut, züchten wir einen Vizsla mit drahtigem Fell." Dieser Jemand war Vasas József, ein Züchter aus Hejöcsaba, einer Stadt im Nordosten Ungarns. Und er hatte auch schon eine Idee. Denn er kannte einen Deutsch-Drahthaar-Züchter, der einen gleichmäßig braunen Rüden mit einem, wie József fand, perfekten Fell besaß: drahtig, dicht anliegend, mit einer dicken, wasserabweisenden Unterwolle.

Mit diesem Rüden belegte er zwei seiner Hündinnen. Zur Welt kamen gelbe und braune Welpen, und weil man für die Vererbung von körperlichen Merkmalen möglichst reinerbige Gene braucht, verpaarte er später zwei der gelben Welpen miteinander. Und in diesem Wurf fiel eine Hündin, die ihr Züchter später auf den Namen „Dia Selle" taufte und die heute als Stammmutter aller Ungarischen Drahthaar gilt: Sie hatte zwar noch den Kopf eines Deutsch-Drahthaar, ihr Körper aber glich dem eines Vizsla. Außerdem hatte sie drahtiges Fell und Unterwolle.

So ging es über die Jahre langsam weiter, wobei die Betonung auf dem Wort „langsam" liegt. Wer eine Rasse entwickeln will, braucht Mitstreiter. Engagierte Züchter, die die Idee mittragen. Man braucht geeignete Hunde unterschiedlicher Blutlinien, und vor allem müssen Würfe fallen, um eine Auswahl zu haben, mit der man seinem Ziel näherkommt. Kurz: Den Anfang einer Rasse kann ein Einzelner machen, gleich danach aber ist es Teamwork!

Mit den heutigen Möglichkeiten der Kommunikation und der Mobilität wäre es wahrscheinlich leicht, entsprechende Mitstreiter zu bekommen. Vasas József aber hatte diese Möglichkeiten nicht. Er züchtete im Freundeskreis. Erst 1943, Ungarn war zwei Jahre zuvor in den Krieg gegen die Sowjetunion eingetreten, bat er den Ungarischen Vizsla-Verband um Hilfe. Damals gab es in Ungarn gerade mal rund 60 drahthaarige Vizsla, fast alle im Nordosten.

Der Weg über den Verband war der richtige Schritt, denn er brachte Öffentlichkeit. Plötzlich wurden die UD (Ungarisch Drahthaar) auf Ausstellungen gezeigt, die internationale Hundeszene horchte auf, Züchter aus dem Ausland wurden aufmerksam. Außerdem wurde ein erster Standard entwickelt, bei dem man explizit darauf achtete, dass er dem Standard der kurzhaarigen Vizsla in den meisten Punkten gleicht. Denn so neu alles war, fest stand: Egal ob kurz- oder drahthaarig, Vizsla sollte Vizsla bleiben.

DIE ANERKENNUNG ALS RASSE

1966 schließlich wurden drahthaarige Vizsla von der FCI offiziell als eigene Rasse anerkannt. Jedoch: Obwohl es damals auch schon Züchter im Ausland gab, gehörten die Hunde zu den seltenen Hunderassen, und das ist auch heute noch so. Bis zum Jahr 2017 gab es in Deutschland weniger als eine Handvoll Züchter im VDH. 2018 kamen ein paar hinzu; wie viele dabeibleiben, weiß man aber nicht. Denn das Problem ist: Die Zucht Ungarischer Drahthaare verlangt von seinen

Ob Nachsuche oder Kaninchenapport …

… UD sieht man meist auf der Jagd.

Ein wenig robuster und grobknochiger, sonst aber durch und durch Vizsla.

Züchtern enorm viel Engagement. Der Genpool in Deutschland ist winzig, einen passenden Deckrüden in Deutschland zu finden, meist kaum möglich. Also bleibt die Suche im Ausland. Apropos Suche: Nein, es kann kein x-beliebiger Rüde sein. Es muss ein jagdlich geführter Rüde sein, und der muss auch noch die richtigen, das heißt mit den deutschen vergleichbaren Prüfungen bestanden haben, und zwar gut.
Hat man ihn gefunden, muss man auf eigene Kosten die Papiere übersetzen und eine Sondergenehmigung beim Verein beantragen. Das sind Wochen Arbeit im Vorfeld. Hat man alles, brummt man los und hat nach seiner Rückkehr nicht nur mehrere tausend Kilometer und einen Haufen Reisekosten auf dem Tacho, sondern auch noch einen weiteren Papierberg zu bewältigen. Kurz: Die Zucht von Ungarisch Drahthaar ist tatsächlich etwas für Enthusiasten. Züchter, die mit ganzer Seele an der Rasse hängen und vieles möglich machen, auch wenn es ihnen seitens des Zuchtvereins nicht immer leicht gemacht wird. Entsprechend klein ist die Menge der in Deutschland fallenden Welpen. In der Regel sind es unter fünfzig im Jahr. Dennoch lohnt die Mühe, denn es sind wunderschöne Hunde. Äußerlich ein wenig robuster und grobknochiger als ihre kurzhaarigen Verwandten, sonst aber durch und durch Vizsla. Vom ehemals eingekreuzten Drahthaar ist tatsächlich nur der Bart, das längere Deckhaar und die dichte Unterwolle geblieben.

PASST EIN VIZSLA IN MEIN LEBEN?

„Ein Zuhause ohne Magyar Vizsla ist nur ein Haus." Der Spruch steht auf einem Dekoschild, das mir mal jemand geschenkt hat. Und soweit es mich betrifft, stimmt der Satz. Aber trifft er auch auf Sie zu?

„EINEN VIZSLA ZU HABEN WÄRE SO SCHÖN!"

Das denkt man sich oft so. Und „ja!", es stimmt, Vizsla sind wunderbare Hunde. Doch vergessen Sie bitte nicht: Eine Mensch-Hund-Beziehung ist nur dann gut, wenn Mensch und Hund glücklich sind. Und Tatsache ist: Es gibt eine ganze Reihe Menschen, die sich die Beziehung zu ihrem Vizsla in den schönsten Farben ausgemalt haben, nur um ihn nach ein paar Wochen oder Monaten nach der Anschaffung wieder abzugeben. Gescheitert am eigenen Anspruch, enttäuscht, weil Welpen eben nicht nur süß sind, sondern auch Arbeit und manchmal Ärger machen, oder sie sich eingestehen müssen, dass sie dem ungarischen Wirbelwind einfach nicht gewachsen waren. So etwas hinterlässt immer Spuren und im Nachhinein stellt man oft fest, dass die Richtung eigentlich schon vorher klar war. Ein kurzer Grundlagen-Check:

Wenn man weiß, worauf man sich einlässt, sind Vizsla großartige Begleiter.

☞ 14 FRAGEN, DIE SIE VOR DEM KAUF KLÄREN SOLLTEN

1. **Wie klar sind Sie sich über den Vizsla?** Ja, sie sind hübsch – aber auch sportlich, intelligent, anhänglich und brauchen Erziehung, körperliche und geistige Auslastung.

2. **Zieht die Familie, bzw. der Partner mit Ihnen an einem Strang?** Hundehaltung ist keine „One-Man-Show" und funktioniert nur, wenn alle mit dem neuen Familienmitglied klarkommen.

3. **Haben Sie einen guten Staubsauger?** Vizsla passen fantastisch zu einem eleganten Sofa, liegen aber auch gerne drauf – und hinterlassen Dreck und Haare. Nichts für Pedanten.

4. **Sind Sie fit?** Vizsla sind sportliche Hunde, körperliche Auslastung ist ein Grundbedürfnis. Können Sie Ihrem Vizsla die bieten?

5. **Haben Sie genügend Zeit für ihn?** Vizsla sind keine einsamen Wächter, die mit stoischer Geduld darauf warten, dass Sie nach Hause kommen. Sie brauchen Nähe und wollen dabei sein, am liebsten immer!

6. **Haben Sie eine „Notfall-Adresse"?** Wer nimmt den Hund, wenn Sie mal weg müssen? Was ist in Ihrem Urlaub?

7. **Passt er ins Budget?** Futter, Haftpflicht- und OP-Versicherung, Ausstattung, Steuern, Tierarzt, etc.

8. **Passt der Vizsla zum Gemüt der anderen im Haus lebenden Hunde?** Wenn nicht, stehen Sie zwischen den Stühlen.

9. **Haben Sie Lust auf das „Abenteuer Erziehung"?** Ein guter, angenehmer Begleithund ist das Ergebnis konsequenter Arbeit. Kann anstrengend werden …

10. **Sind Sie lernbereit?** Gut, wenn Sie eine Vorstellung davon haben, wie Ihr Hund sich benehmen soll. Aber wenn Sie keine Tipps von anderen annehmen können, wird's schwierig.

11. **Mögen Sie Körperkontakt mit Hunden?** Vizsla lieben die Nähe zu „ihren" Menschen. Wenn Sie Hunde eher „auf Distanz" gut finden, entsteht da ein Interessenkonflikt.

12. **Haben Sie eine aufbrausende Persönlichkeit?** Falls ja, ist's schlecht. Vizsla sind keine Weicheier, aber doch einigermaßen sensibel. Ein gelassenes Wesen hilft bei der Ausbildung.

13. **Wie sieht es mit Allergien aus?** Das ist immerhin die häufigste Begründung, wenn ein Vizsla wieder abgegeben wird …

14. **Wenn Sie schon einen Hund haben, wie alt ist er?** Alte Hunde werden durch junge aktiviert und finden sich mit Neuankömmlingen ab. Bei jüngeren ist das nicht immer so …

Falkner schätzen Vizsla vor allem wegen ihrer Fähigkeit zum Teamwork.

DIE ZUCHT DES VIZSLA – EIN WICHTIGES THEMA FÜR JEDEN!

Gleich vorweg: Das soll keine komplizierte oder gar langweilige Abhandlung über Genetik werden, aber eine „Bewusstseinsmachung". Und zwar dafür, was Zucht eigentlich bedeutet und weshalb es wichtig ist zu wissen, woher Ihr Vizsla kommt.

NOCH EIN BISSCHEN VIZSLA-GESCHICHTE

Der Vizsla – wir schrieben es schon – ist der Hund der Puszta. Vizsla waren sehr begehrt und galten an den Höfen und in den Gutshäusern als wertvolles Geschenk. Bilder aus dem 16. Jahrhundert zeigen kräftige Hunde. Wie viel von ihnen noch in den Hunden steckt, die wir heute kennen, weiß niemand. Was man aus der Literatur jedoch weiß: Es gab damals bereits eine Reinzucht im heutigen Sinn, und wenn man den Quellen Glauben schenkt, waren die Hunde damals im Karpatenbecken die am weitesten verbreitete Rasse. Um das Jahr 1880 aber brach die Reinzucht plötzlich ab. Warum? Nun, Hunde wurden Mode und überall in Europa entdeckte der Adel den Jagdhund als schmückendes Accessoire. Mit einem Mal wurden Hunde nicht nur nach ihrer Funktion, sondern auch nach ihrem Aussehen bewertet. Schönheit und Eleganz waren wichtig, und wem sein Hund nicht gefiel, der kreuzte Setter, Pointer und andere Rassen ein. Erlaubt war, was gefiel, und vielen Ungarn gefielen besonders englische Hunde sehr, sehr gut.

1882 fand in der Nähe von Budapest eine erste Feldprüfung für Vorstehhunde statt. Es meldeten Pointer, Setter, ein paar Mischlinge und natürlich auch einige Vizsla. Im darauffolgenden Jahr aber waren schon sehr viel weniger Vizsla dabei. Die Hunde, so schien es, waren aus der Mode gekommen. Und niemand wäre – zumindest damals nicht – auf den Gedanken gekommen, einen Vizsla als nationales Kulturgut anzusehen, das man unbedingt erhalten müsse.

DER STAMMVATER DER MODERNEN VIZSLA

Das änderte sich erst 1916. Zwei Jahre zuvor war der Erste Weltkrieg ausgebrochen, das Österreichisch-Ungarische Kaiserreich kämpfte ums Überleben. Die Menschen litten, und in diesen Zeiten der Not keimte in vielen Ungarn plötzlich wieder ein großer Stolz auf die Heimat. Im November 1916 veröffentlichte ein Jäger in einer beliebten Jagdzeitschrift einen Artikel über die „alten Hunde Pannoniens". Ob es sie wohl noch gäbe? Keine Resonanz. Über ein Jahr lang hörte er nichts. Doch dann meldete sich jemand. Ein Arzt schrieb, ihm sei ein etwa sechs Jahre alter Hund zugelaufen, den er Witti genannt und in nur drei Monaten zum „perfekten Vorsteher" ausgebildet habe. Der Hund habe zwar weiße Pfoten, aber er sei schließlich schon alt, sehe sonst aber aus, wie in dem Zeitschriftenartikel beschrieben. Witti gilt als Stammvater der modernen Vizsla. Sein Name taucht in den Aufzeichnungen von damals immer wieder auf.

14 Jahre, schlohweiß, aber immer noch voll im Thema …

DER VIZSLA WIRD KULTURGUT

1920 bekam die gerade angelaufene Vizsla-Zucht einen enormen Dämpfer. Der Erste Weltkrieg war seit zwei Jahren vorbei, die Verhandlungen über die Folgen aber liefen noch auf Hochtouren – und am 4. Juni zwangen die Siegermächte die ungarische Delegation im „Grand Trianon", einem Lustschloss im Park von Versailles, einen Vertrag zu unterschreiben, durch den fast zwei Drittel Ungarns an die Tschechoslowakei, Rumänien und Jugoslawien fielen. Das war, um es freundlich auszudrücken, eine Katastrophe. Nicht nur für die Bevölkerung, auch der gerade angelaufenen Zucht brach ein Großteil der Zuchtbasis weg, weil sich viele Hunde mit einem Mal außerhalb der Grenzen befanden.
Gleichzeitig aber weckte die Demütigung bei vielen Menschen ein lange verloren geglaubtes Gefühl von Nationalstolz. Ungarn, so sagten sie sich, dürfe nicht untergehen – und plötzlich wurden auch die Vizsla als Kulturgut gesehen. Noch im gleichen Jahr

Im Spiel mit erwachsenen Hunden lernen Welpen, wie man sich in der Hundewelt benimmt.

gründete sich ein Verein, 1922 wurde die erste Feldprüfung organisiert, und den Durchbruch erlebten die Vizsla-Züchter, als 1924 eine ungarische Hündin auf einem Field Trial sowohl die deutschen als auch die englischen Vorstehhunde deklassierte und den ersten Preis gewann. 1928 wurden die ersten Rassekennzeichen veröffentlicht und Vizsla 1935 schließlich von der FCI, der „Fédération Cynologique Internationale", als Rasse anerkannt.

„Na Kleiner, du willst doch nicht frech werden, oder?"

DIE RETTUNG DER KRONE

Und es ging weiter: Vizsla, die schon beinahe verlorene Rasse, wurden in Ungarn immer beliebter, und spätestens 1943 wurden die Hunde selbst von den Ungarn ins Herz geschlossen, die sich bis dahin überhaupt nicht für Hunde interessiert hatten. Denn durch die Zeitungen lief eine fast unglaubliche Geschichte: In einer dunklen Februarnacht soll der britische Geheimagent Derek Peters mit einem Fallschirm aus einem hoch über Ungarn kreisenden Flugzeug gesprungen und in einem Waldstück unweit von Budapest gelandet sein. Seine Mission: der Raub der Stephanskrone, seit beinahe 1000 Jahren das Symbol der Unabhängigkeit des Landes. Sein Auftraggeber war die britische Regierung, und durch den Diebstahl sollte das Land, in den Augen der Alliierten damals ein „Vasallenstaat des Großdeutschen Reiches", psychologisch in die Knie gezwungen werden. Peters' Plan war denkbar einfach: Das Überraschungsmoment ausnutzend, wollte er in den Kuppelraum des ungarischen Parlaments vordringen, die Bewacher töten und sich, die gestohlene Krone im Rucksack, den Fluchtweg freischießen.
Der Plan schlug fehl: Im Kuppelraum wurde er von zwei Vizsla angegriffen. Einer biss ihm ins Handgelenk, der zweite riss ihn zu Boden, und gemeinsam hielten sie Peters in Schach, bis die Soldaten kamen, um den Agenten zu entwaffnen und zu fesseln. Die Krone war gerettet, der Brite wurde zu einer mehrjährigen Haftstrafe verurteilt, die Hunde zu Nationalhelden erhoben.
Fünf Jahre soll Peters im Gefängnis gesessen haben, dann gelang ihm die Flucht. Über Österreich schlug er sich nach England durch, kehrte jedoch noch im gleichen Jahr zurück, um einen Vizsla aus Ungarn herauszuschmuggeln. Denn die Hunde, die er im Gefängnis auch als Wachhunde kennengelernt hatte, hatten es ihm angetan. So einen wollte er haben, koste es, was es wolle. Schließlich kostete es ihn das Leben. Der erste Versuch, einen Hund aus dem Land zu schmuggeln, schlug fehl, 1949 versuchte er es erneut. Seine Leiche wurde später in der Nähe der Grenze gefunden, neben ihm lag ein erschossener Hund. Die damit verbundene Nachricht: Kein Vizsla verlässt das Land!

Ein paar Jahre später aber passierte es doch: 1956 kam es zum ungarischen Volksaufstand. Es begann am 23. Oktober mit einer friedlichen Großdemonstration. Nachdem die Regierung am Abend auf die schnell wachsende Menge schießen ließ, kam es aber zum bewaffneten Kampf. Budapest wurde zum Schlachtfeld. Erst nachdem am 4. November die Panzer der Roten Armee einrückten, endeten die Kämpfe. Die vermeintlichen Aufrührer wurden hingerichtet, Zehntausende Ungarn verhaftet oder interniert. Wer es schaffte, floh in den Westen – und nahm seine Tiere mit. Sehr viele Vizsla gelangten so nach Amerika, wo man mit ihnen eine neue Zucht aufbaute.

Und nun die Frage: Was ist Zucht, und wieso ist es so schwierig, einen gut gezüchteten Vizsla zu bekommen?

WAS IST ZUCHT EIGENTLICH?

Zucht, und dabei ist es egal, ob wir über Kühe, Pferde, Pflanzen oder Hunde reden, ist immer der Versuch, Mutter Natur zu lenken. Rassen sind menschengemacht und wer züchtet, braucht ein Ziel: Meist ist es Leistung, oft aber auch nur ein bestimmtes Aussehen, eine Größe oder sonst irgendetwas, was sich der Mensch eben so denkt – und da liegt das Problem: Denn durch gezielte Verpaarung kann man enorme Erfolge erzielen. Kühe zum Beispiel geben heute ein Vielfaches der Milchmenge, die die Väter der heutigen Landwirte vor ein paar Jahrzehnten noch bei ihren Tieren gemolken haben. Für ein paar Euro Aufpreis können Landwirte „gesextes" Sperma kaufen und so die Geburt von Bullenkälbern von vornherein ausschlie-

Von Jägern für die Jagd gezogen. Achtung, wenn man mit denen nur kuscheln will!

Unterwerfungsgesten lernt man am besten innerhalb der Familie.

Mit acht Wochen sind aus süßen Welpen entzückende, Haus und Grundstück umbauende Terroristen geworden.

ßen, und aus einem kurz nach der Geburt entnommenen Blutstropfen eines Kalbes kann man bereits sehen, ob der junge Bulle mal ein guter Vererber wird und wie viel Milch das Kuhkalb später gibt.

HUNDEZUCHT IST ETWAS ANDERS

In der Hundezucht ist man noch „old fashioned". Gentechnik ist schlicht zu teuer bzw. das „hündische Genom" auch noch gar nicht vollständig entschlüsselt. Gute Züchter studieren deshalb noch immer Stammbäume, besuchen Ausstellungen und Leistungsprüfungen. Vor allem aber – das ist sehr wichtig! – sind sie Mitglied eines Zuchtvereins, der die notwendige Infrastruktur stellt: Eine Datenbank, in der über viele Generationen jede erbrachte Leistung und jedes medizinische Untersuchungsergebnis eines Hundes festgehalten wird. Der Verein stellt Leistungsrichter, die die Anlagen des Hundes bewerten, und Zuchtrichter, die die äußere Erscheinungsform beurteilen. Es gibt Zuchtwarte, die die Züchter zu Hause besuchen, um sich die Welpen und die Umgebung, in der sie die ersten Wochen aufwachsen, anzusehen. Und am wichtigsten: Der Verein hat eine Zuchtordnung, in der bis ins Detail festgelegt ist, welche Bedingungen für eine Verpaarung gegeben sein müssen. Als Faustregel gilt: Je strenger, desto besser.

Das wichtigste Werkzeug für die Auswahl der richtigen Verpaarung ist, neben einem guten Auge, die **Datenbank**. Über sogenannte „Zuchtwerte" können da zum Beispiel die Anlagen der Hunde abgeglichen und Stärken und Schwächen erfasst werden. Viel wichtiger aber ist der **„Inzucht-Index"**: Erinnern Sie sich an Witti, den älteren, um 1916 herum auf der Straße gefundene Vizsla mit den weißen Pfoten? Er war damals einer der wenigen Vizsla, die man noch fand – und mit ihm wurde eine ziemlich enge Inzucht betrieben ... Nicht schön, ging aber wohl nicht anders.

INZUCHT

Inzucht steht am Anfang jeder Rasse, denn gerade phänotypische, also äußere Merkmale, wie die Kopfform oder die Fellfarbe, vererben sich am besten über homozygote, also „reinerbige" Gene – und die bekommt man von eng miteinander verwandten Tieren. Im Klartext: Verpaart man Vater und Tochter, Bruder und Schwester oder Mutter und Sohn, stehen die Chancen auf eine Verfestigung bestimmter Wesens- und Körpereigenschaften gut. Das Problem: Die „schlechten Gene", die die Krankheiten und Verhaltensstörungen verursachen können, können sich auch durchsetzen. Tatsächlich sind die sogenannten Erbkrankheiten heute in fast jeder Rasse ein Problem: Derzeit gibt's davon in der Hundewelt etwa 800 und jedes Jahr kommen neue hinzu: Schäferhund, Labrador, Großpudel und noch ein Dutzend anderer Rassen neigen zu Fehlstellungen des Hüftgelenks, Yorkshire Terrier und die ganzen „Kurzköpfe" wie Möpse, Französische Bulldoggen, Malteser, Boxer etc. haben meist Atemprobleme, Cocker Spaniels erblinden häufig und Rassen wie der Berner Sennenhund sind so krank, dass sie mit sechs bis acht Jahren bereits zum „sehr alten Eisen" gehören.
Zucht ist deshalb kein einfaches Hobby, dessen Theorie man nach dem Besuch zweier Tages- oder Wochenendseminare beherrscht. Tatsächlich treffen auf einen guten Züchter und eine gute Züchterin vor allem zwei Attribute zu: Sie sind vorsichtig und bedacht!

LINIENZUCHT UND FREMDZUCHT

Grundsätzlich können Züchter heute zwei Wege gehen: den der sogenannten Linienzucht und den der Fremdzucht. Bei einer **Linienzucht** will man etwas erreichen und setzt die Genetik gezielt ein, um zum Ziel zu kommen. Das ist grundsätzlich nicht schlecht, muss aber sehr gut geplant werden – und es gibt sogar ein paar Vorteile: Hier lassen sich nicht nur die positiven Merkmale einer Rasse gezielt herauszüchten, auch die „bösen Überraschungen" sind überschaubar und lassen sich schnell beheben.

Ein Beispiel: Die Zuchthündin und der Zuchtrüde haben den gleichen Vater. Tritt im Wurf ein Genfehler auf, ist ziemlich schnell klar, von wem das defekte Gen stammt, nämlich dem Großvater, und der kann dann gezielt aus der Zucht herausgenommen werden. Die große Gefahr

Vater und Sohn.

Zucht ist der Versuch, die besten Eigenschaften von Hunden an die nächste Generation weiterzugeben.

aber ist: Wird eine Linienzucht nicht mit großer Vorsicht und viel Hintergrundwissen betrieben, kann sie Tiere hervorbringen, die ihr Leben lang unter einer schlechten Gesundheit leiden. In Deutschland ist eine Verpaarung direkter Verwandter deshalb verboten.

Die meisten Züchter setzen daher heute auf die **Fremdzucht**. Dabei werden Tiere verpaart, die am besten gar nicht oder erst sehr weit hinten im Stammbaum miteinander verwandt sind. Der Vorteil ist: Bei einem großen Genpool bleibt die genetische Vielfalt erhalten. Der große Nachteil aber ist: Tritt doch eine Erbkrankheit auf, ist es fast unmöglich zu sagen, durch welchen Vorfahren sie vererbt wurde.

Damit das Risiko für Erbkrankheiten nicht zu groß wird, gibt es mittlerweile bewährte Methoden, die genetische Vielfalt und die Gesundheit der Tiere gleichzeitig im Blick zu behalten. Gemein ist allen, dass man eine gut gepflegte Datenbank braucht, in der zur Zucht zugelassene Tiere mit ihren gesundheitlichen Daten (Gutachterprinzip!), ihren in Prüfungen erreichten Ergebnissen und ihrem vollständigen Stammbaum verzeichnet sind.

ROBUSTE RASSE
Vizsla gelten bei Tierärzten noch als sehr robuste, gesunde Rasse, aber auch hier ist, wie bei fast allen größeren Hunden, Hüftdysplasie ein Problem, und seit ein paar Jahren registrieren viele Kliniken vermehrt Fälle von Epilepsie.

Hat man so eine Datenbank, kann man beispielsweise den sogenannten **Inzuchtkoeffizienten** bestimmen (er zeigt den Grad der Inzucht an). Außerdem schlägt die Datenbank Alarm, wenn die Stammbäume der zu verpaarenden Hunde sich an Stellen kreuzen, wo man davon ausgehen muss, dass die Welpeneltern direkt miteinander verwandt sind. Denn solch eine Verpaarung ist im VDH verboten. Und schließlich gibt es von jedem im VDH gezüchteten Vizsla noch eine Genprobe in einer DNA-Datenbank. Mit Hilfe molekularbiologischer Verfahren kann man deshalb heute schon vor einer Verpaarung sehen, ob es eventuelle Probleme geben kann bzw. ob die Elterntiere gewünschte oder eben auch ungewünschte Merkmale in sich tragen.
Hier soll keine Panik geschürt werden, aber nur durch das Studium von auf Papier gedruckten Stammbäumen kann kein Mensch erkennen, wo sich die verschiedenen Linien der Hunde mal gekreuzt haben. Die Datenbank ist deshalb wichtig! Und eine „gute Rassebuchhaltung" ist noch aus einem weiteren Grund unverzichtbar. Erinnern Sie sich noch an 1880, das ungefähre Jahr in der Vizsla-Geschichte, als der ungarische Adel plötzlich Spaß daran fand, je nach Geschmack alle möglichen Jagdhunde einzukreuzen, um einen noch schöneren oder exotischeren Hund zu bekommen als der Verwandte aus dem Schloss nebenan? Das ist der Grund, warum es heute noch Vizsla gibt, die einen Pointer-Kopf haben oder mit einem langen weichen Fell geboren werden, denn in manchen Linien steckt das einfach drin.

Welche Gene schlummern in ihm? Hoffentlich nur die besten …

Fröhliches Spiel im Garten. Der Grundstein für gutes Sozialverhalten wird vom Züchter gelegt.

ZÜCHTERWAHL IST WICHTIG!

Daher die Bitte: Nehmen Sie sich für die Züchterwahl Zeit, stellen Sie die richtigen Fragen (siehe Seite 47) und lassen Sie sich nicht von den „Papieren“ täuschen. Es gibt derzeit in Deutschland etwa 70 Vereine und Verbände, die Papiere ausgeben.
Die sehen gut aus, machen richtig was her – sind aber nichts wert, weil dem Verband die Infrastruktur fehlt. Wenn Sie auf der Internetseite des Zuchtverbandes gar keine Zuchtordnung finden, lassen Sie die Finger davon. Und sollte sich eine Zuchtordnung auf die zwei Sätze beschränken: „Alle Zuchttiere müssen vor der ersten Belegung für zuchttauglich erklärt worden sein. Dies kann je nach Vorlage entsprechender Befunde entweder der Vorstand oder jeder praktizierende Tierarzt mittels Stempel und Unterschrift im Ahnenpass vermerken“, dann ist das auch nicht gut. Denn Hand aufs Herz: Wollen Sie einen Hund von Elterntieren, die von „jedem Tierarzt“ einfach per Stempel und Unterschrift für zuchttauglich befunden wurden? Kann man machen, wird oft aber nicht gut … !

VIZSLA-ZUCHT IN DEUTSCHLAND

Eines haben alle Hundebesitzer, egal ob Rassehund- oder Mischlingsbesitzer, gemeinsam: Sie reden gerne über ihre Hunde. Woher sie kommen, wie sie den Weg in die Familie gefunden haben, ihre kleinen Eigenarten und Macken etc. Und treffen sich zwei Vizsla-Besitzer, kommt sehr schnell die Frage auf: „Wo habt ihr euren denn her?“

Bei fast jeder anderen Hunderasse käme als Antwort jetzt der Name eines Züchters oder Zwingers. Beim Vizsla aber lautet die Antwort erschreckend oft: „Aus einer Tötungsstation in Ungarn," oder auch einfach nur: „Aus Ungarn", „Vom Bauernhof", „Von Vizsla in Not!", oder schlicht: „Vom Züchter", wobei dann in der Regel eine Familie gemeint ist, die beim Spaziergang mit ihrer Hündin am Baggersee jemanden getroffen hat, der einen Rüden besaß. Und weil man sich gegenseitig so nett und die Hunde so hübsch fand, kam man schnell überein: Die wären doch ein schönes Paar …

Tatsache ist: Die wenigsten der in Deutschland lebenden Vizsla kommen aus einer kontrollierten Zucht. Warum? Weil Vermehrung in Deutschland nicht verboten ist. Und wer – weil es einfach besser klingt – „mit Papieren" verkaufen will, hat ungefähr 70 Vereine, Verbände und Clubs zur Auswahl, bei denen man seine Hündin oder seinen Rüden unkompliziert registrieren und gegen Gebühr dann auch Papiere „kaufen" kann. Aber deren Papiere sind oft nichts wert, weil nichts dahintersteht. Denn Rassen sind „menschengemacht", und wer die Rasse erhalten und sogar verbessern will, braucht nicht nur ein Zuchtziel, ein großes Grundstück und viel Engagement, er braucht vor allem Zugriff auf einen gut kontrollierten Genpool: eine Auswahl an Zuchttieren, die nicht nur gute Anlagen haben, sondern über viele Generationen hinweg auch frei von Erbkrankheiten sind. Bei der ernsthaft betriebenen Zucht nämlich geht es nicht nur um Anlagen und Aussehen, es geht auch und vor allem um Gesundheit. Denn ein an Kopf und Körper vollkommen gesunder Vizsla an der Seite ist ein wahr gewordener (Hunde-)Traum; ein zappeliger, nervöser oder ängstlicher Hund aber macht keinen Spaß. Und sollte er krank sein, macht man sich nicht nur große Sorgen, die Tierarztkosten belasten auch die Haushaltskasse.

STRENGE ZUCHTAUFLAGEN

Tatsächlich gibt es in Deutschland nur einen Verband, nämlich den „Verband für das Deutsche Hundewesen" (VDH), dessen Mitglieder sich an ein strenges Zuchtreglement halten müssen und der aufgrund seiner Größe auch die Power hat, Hundeausstellungen und Prüfungen im internationalen Rahmen zu organisieren. Der im VDH für die Vizsla verantwortliche Verein ist der „Verein Ungarischer Vorstehhunde" (VUV) und gibt seine Welpen meist nur an Jäger ab.

WARUM NUR AN JÄGER?

Warum eigentlich? Sind Nichtjäger in den Augen des VUV denn schlechtere Hundebesitzer? Nein, natürlich nicht. Ein paar Zahlen zum Vergleich: Bei den Labrador Retrievern wurden 2018 exakt 2.626 Hunde gewölft, im Verein Deutsch-Drahthaar fielen knapp 3.000 Welpen. Die Dackel kamen auf 5.809 Welpen, und der meist gezogene Hund in Deutschland ist mit 10.679 Welpen noch immer der Deutsche Schäferhund. Und wie viele Welpen fallen im VUV? 2018 waren es 311, im Jahr davor nur 206. Der Verein ist nicht groß. Er hat zwar jede Menge Mitglieder, im Verhältnis aber nur wenige Züchter. Gemein ist ihnen allen, dass die Jagd ihre Passion ist und sie den Vizsla als Jagdhund fördern wollen. Hinter jeder Verpaarung stecken Planung, Engagement und die Hoffnung, dass die Hunde die guten Anlagen ihrer Eltern erben und Besitzer finden, die sie zu guten Jagdhunden machen. Ob sich diese Hoffnung erfüllt, erfährt ein Züchter aber nur, wenn die Hunde die Jagdprüfungen laufen – und um da mitzumachen, muss man Jäger sein. Stimmt die Leistung des Hundes, kann er, wenn auch die Optik stimmt, gekört und damit zur Zucht zugelassen werden und zur Verbesserung der Rasse beitragen. Ein Hund, der an einen Nichtjäger verkauft wird, ist also von vornherein für die Rasse verloren.

UND WARUM GIBT ES KEINEN ZWEITEN VEREIN?

Einen, der nach dem strengen Zuchtreglement des VDH reine „Familien-Vizsla" züchtet? Schwer zu sagen, die Satzung des Verbandes gäbe die Gründung eines zweiten Viszla-Vereins her. Allerdings ist es Arbeit, und da es eine Menge Auflagen zu erfüllen gilt, dauert es auch seine Zeit. Da ist es, sollte man denken, für viele doch einfacher, unkontrolliert zu vermehren.

Für die Vizsla-Population in Deutschland aber wäre es ein Segen. Denn so spät der Vizsla als Familienhund entdeckt wurde, so beliebt ist er mittlerweile. Wie viele Vizsla es in Deutschland gibt, weiß übrigens niemand. Die Zahl der reinen „Familien-Vizsla" aber übersteigt die Zahl der jagdlich geführten um ein Vielfaches. So fallen im VUV, dem jagdlichen VDH-Verein, beispielsweise alljährlich „nur" rund 250 Welpen. Und wie viele Vizsla werden alljährlich bei TASSO, dem kostenlosen Haustierregister, angemeldet? Mehrere tausend! Hunde, die entweder aus dem Ausland oder aus irgendwelchen unkontrollierten Zuchten stammen und mit denen man viel Glück haben, aber auch leicht auf die Nase fallen kann.

Auch jagdlich geführte Vizsla sind immer Familienhunde.

WILLKOMMEN DAHEIM

— *Auswahl und Eingewöhnung*

DER RICHTIGE ZÜCHTER

Zu wissen, dass der eigene Welpe aus einem „guten Stall" kommt, ist ein schönes Gefühl. Aber das ist bei Vizsla nicht immer so einfach. Daher etwas Grundsätzliches zur Wahl eines Züchters.

DEN RICHTIGEN ZÜCHTER FINDEN

1. Fragen Sie sich, wer Ihr Züchter eigentlich ist. Denn seine Rolle ist wichtiger, als man denken könnte.
Natürlich ist Ihr Züchter oder Ihre Züchterin der Besitzer der Mutterhündin. Er oder sie hat den Rüden ausgesucht, sich dabei hoffentlich jede Menge Gedanken gemacht, und zieht die Welpen auf. Er sorgt dafür, dass die Hündin während der Tragzeit medizinisch optimal versorgt wird und vor der Geburt entspannte 63 Tage verbringt. Seine Rolle als guter Züchter aber beginnt schon viel früher: Er ist vor allem ein guter Hundebesitzer, der dafür gesorgt hat, dass seine Hündin zu einer ausgeglichenen, sehr gut sozialisierten Mutterhündin geworden ist. Und das ist wichtig, denn sie ist auch die erste Ansprechpartnerin der Welpen, wenn es um innerartliche Kommunikation geht. Kurz: Wie bei Menschen, so gilt auch bei Hunden: Gute Kinder haben gute Mütter!

2. Wie bemüht bzw. fachlich engagiert oder zumindest ehrlich ist der Züchter?
Die praktische Seite der Hundezucht ist kein Hexenwerk und mit einer gesunden Portion Menschenverstand, dem Besuch von ein paar Züchterseminaren, der Hilfe einiger Bücher und der Notfallnummer des Tierarztes ist man für den Ernstfall eigentlich bestens gerüstet. Die wahre Qualität eines Züchters zeigt sich daran, wie er „tickt", was ihn antreibt und in welche Infrastruktur er eingebunden ist. Hat er die Hüften seiner Hündin und die des Rüden untersuchen lassen? Und wenn ja, von wem? Von einem unabhängigen Gutachter oder „nur" vom eigenen Tierarzt? So etwas führt leicht zu Gefälligkeitsgutachten …

3. Wie sieht das Grundstück des Züchters aus?
Wer Hunde züchtet, braucht Platz, gerade wenn es sich um eine Jagdhunderasse handelt. Denn spätestens nach etwa vier Wochen müssen die Welpen raus aus dem Wohnzimmer. Zum einen ist es dann geruchlich kaum noch auszuhalten (die Verdauung der Kleinen funktioniert prima!), vor allem aber muss man jetzt Angst um das Mobiliar haben, denn ihre Umwelt mit den Zähnen zu erkunden, gehört bei Welpen dazu.

Ein ziemlich frischer Hundehaufen: Welpen liegen die ersten Wochen immer über- und untereinander.

Außerdem durchlaufen alle kleinen Hunde gewisse Phasen, in denen der Züchter ihr künftiges Leben positiv beeinflussen kann. Umweltreize wie Licht, Kälte, Wärme, Wasser, andere Tiere, Boden und Gras, spielende Kinder, fremde Menschen etc. gehören unbedingt dazu. Ein bisschen Staubsagen rund um die Welpenbox und ein paar Autofahrten reichen nicht. Bei jagdlich geführten Hunden kommt hinzu, dass sie bereits in den ersten Wochen an Schüsse gewöhnt werden und – zumindest olfaktorisch und haptisch – das Wild kennenlernen sollten, mit dem sie es später auf der Jagd zu tun bekommen: Enten, Kaninchen und Fasanen, aber auch Dachse, Marder, Marderhunde und Füchse. All das ist in einem Reihenhaus mit Handtuchgarten kaum möglich.

4. Fragen Sie, je mehr desto besser!

Fragen Sie dem Züchter ruhig ein Loch in den Bauch. Wenn er gut ist, freut er sich über das Interesse und wird Ihnen seinerseits auf den Zahn fühlen. Ihm kommt es schließlich auch darauf an, seine Hunde in gute, bedachte Hände zu geben. Nutzen Sie die Zeit beim Züchter auch, um etwas über die Zucht zu lernen. Denn Zucht ist ein nicht immer unumstrittenes Thema, auch unter Züchtern. Was hat er für ein Zuchtziel und wie will er es erreichen? Wie wachsen die Welpen bei ihm auf und was hält er von einer Frühförderung der Welpen ab dem dritten Tag nach der Geburt? Nach welchen Kriterien hat er den Rüden für seine Hündin ausgesucht? Es gibt so viele Fragen, die Sie ihm stellen können – und ein guter Züchter wird keiner einzigen ausweichen.

5. Vertrauen Sie Ihrem Bauchgefühl

Auch wenn Sie nicht „vom Fach“ sind, bekommen Sie schnell mit, wenn jemand nicht wirklich weiß, was er da tut. Besser sind da schon die „liebevollen Familien“, die gleich sagen: „War ein Unfall, aber wir geben uns hier alle Mühe und wollen unbedingt, dass die Kleinen ein gutes Zuhause bekommen.“ Mit so einer Ehrlichkeit kann man umgehen.

☞ LEITFRAGEN ZUR ZÜCHTERWAHL

ZÜCHTER

— Warum züchtet er? Wie hat es angefangen und was sind seine Ziele? Wie ist er überhaupt auf den Vizsla gekommen?
— Züchtet er in einem speziellen Zuchtverein? Wenn „ja“, warum da? Wenn „nein“, warum nicht?
— Wie stellt er sich den idealen Welpenbesitzer vor und was wünscht er sich für seine Hunde? Und passt er in seiner Rolle als Hundebesitzer selbst in das Bild?
— Worauf legt er bei der Zucht wert? Wie versucht er – auch wenn es in seinem Club keine entsprechende Zuchtordnung geben sollte – das Risiko von Krankheiten möglichst klein zu halten? Gutachterprinzip oder schlicht Tierarzt?
— Und schließlich: Wie wirkt er auf Sie? Haben Sie das Gefühl, dass er alles, was er sagt, auch wirklich meint und fachlich so kompetent ist, wie er sich den Anschein gibt? Wichtig: Vieles von dem, was er sagt, werden Sie mangels kynologischen Fachwissens nicht nachvollziehen können. Achten Sie auf Ihr Bauchgefühl!

ZUCHTSTÄTTE

— Wie lebt der Züchter? Ländlich (am besten) oder in der Stadt (nicht gut)? Hat er Platz für Prägung und Sozialisation? Man sollte es nicht glauben, aber es gibt Leute, die vermehren Vizsla im Reihenhaus mit Handtuchgarten.
— Wo steht die Welpenbox? Im Wohnzimmer oder weit isoliert in einem wenig frequentierten Stallgebäude? Die Welpen sollten von Anfang an Kontakt mit Menschen haben.
— Wie sieht es auf dem Grundstück, bzw. der Aufzuchtstätte aus? Es sollte hell, sauber und gepflegt sein.
— Haben die Welpen ihrem Alter entsprechend genügend Platz, Licht und Außenreize? Die Gehirne von „Kellerkindern“ sind meist weniger gut entwickelt …
— Hat der Züchter noch andere Hunde? Die können bei den Welpen ab einem gewissen Alter wertvolle „Erziehungsarbeit“ leisten.

WELPEN/ZUCHTHÜNDIN

— Wie sieht die Mutterhündin vor der Geburt aus? Am besten entspannt und dem Menschen (zumindest dem Züchter) zugewandt. Augen klar? Wesen lebendig? Ernährungszustand gut? Dann ist alles gut!
— Wie erleben Sie die Hündin beim ersten Welpenbesuch? Entspannt und gelassen? So sollte es sein. Ist sie gestresst, gehen die dabei produzierten Hormone über die Muttermilch auf die Welpen über und beeinflussen ihr Wesen.
— Hat der Züchter Befunde über die wichtigsten Untersuchungsergebnisse des Rüden und der Mutterhündin? Der Satz „Bisher gab’s nie Ärger!“ ist nicht sehr vertrauenserweckend …
— Wie wirken die Welpen? Aufgeweckt, agil und gut genährt? So sollte es sein. Verklebte Augen, triefende Nase und stumpfes Fell sind ein Warnzeichen!
— Wie sauber ist es in der Welpenbox, bzw. im Welpenzimmer? Hygiene ist wichtig!

6. Schauen Sie sich die Mutter an (denn den Vater werden Sie kaum kennenlernen)!

Sie sind fremd, kein Mensch kann erwarten, dass die Mutter fröhlich wedelnd auf Sie zuläuft, zumal sie ja auch Welpen in der Box hat, die es zu beschützen gilt. Aber: Ist sie gut gepflegt, wirkt aufmerksam und hat klare Augen? Wedelt sie mit der Rute, wenn der Züchter an die Welpenbox herantritt?

7. Lassen Sie sich nichts vormachen!

Es klingt fast ein wenig unglaublich, passiert aber häufiger, als man denken mag: Als Welpeninteressent kommt man zum Züchter – und sieht nur die Welpen. „Wo ist denn die Mutter?", fragt man dann automatisch – und bekommt die Antwort: „Ist gerade beim Tierarzt." Oder: „Eine Freundin ist gerade mit ihr spazieren und bringt sie erst heute Nachmittag zurück." Wenn Ihnen so etwas passiert, sollte ein rotes Licht aufblinken und Sie warnen: Es gibt keinen Grund, die Hündin von den Welpen zu trennen. Ausnahme sind medizinische Notfälle, aber dann wäre der Züchter auch nicht da und hätte Ihnen telefonisch abgesagt.
Bitte vergessen Sie beim Kauf eines Hundes niemals: Des einen Liebling ist des anderen Handelsgut! Für jemanden, der „so tickt", ist es gar kein Problem, sich für kleines Geld aus irgendeiner Vermehrung im Ausland ein paar etwa sechs Wochen alte Welpen zu kaufen, und gerade bei einem beliebten Hund wie dem Vizsla kann man so Geld verdienen.

Wie fast überall gilt auch bei Hunden: Gute Kinder haben gute Mütter.

UND NUN: WIE KOMMT MAN JETZT ZUM VIZLA?

Als Jäger? Kein Probem! Auf der Internetseite des VUV („Verein Ungarischer Vorstehhunde") gibt es eine Welpenvermittlung, auf der alle Züchter aufgeführt sind, deren Hündin nach dem Decksprung auch aufgenommen hat. Wer häufiger dort nachschaut, findet daher immer neue Zwingernamen.

ALS NICHTJÄGER? HIER EIN PAAR TIPPS

DER VUV!

Auch wenn es nicht leicht ist, manche VUV-Züchter davon zu überzeugen, einen Welpen an Nichtjäger zu verkaufen, lohnt doch der Versuch. Denn nicht jeder Züchter hat immer viele Jäger als Bewerber. Und wichtig ist den meisten Züchtern vor allem, dass ihre Welpen in gute Hände kommen. Und da ein Jagdschein allein noch keinen guten und verantwortungsbewussten Hundeführer macht, gilt für viele: „Im Zweifel lieber der gute Nichtjäger!" Probieren Sie es ruhig, man kann auch Glück haben.

EIN HUND AUS UNGARN?

Ja, das ist eine gute Möglichkeit. Es gibt eine Reihe von sehr etablierten und erfahrenen FCI-Ausstellungszüchtern, die ihre Welpen sehr gerne nach Deutschland verkaufen. Einer der bekanntesten ist Stand heute zum Beispiel der Zwinger „Luxatori", dessen Namen man mittlerweile auch in vielen deutschen Stammbäumen findet. Nachteil: In der Regel wird man so weder die Mutter noch die Aufzuchtstätte sehen, es sei denn, man nimmt sich ein paar Tage Zeit und fährt einfach mal an den Plattensee. Außerdem bekommt man den Hund erst mit fünfzehn Wochen, da er erst mit zwölf Wochen gegen Tollwut geimpft werden darf und danach mindestens drei Wochen bis zum Grenzübergang vergehen müssen.
Sie versäumen also beinahe die ganze Sozialisierungsphase und wertvolle Wochen, die für die Beziehung zum Hund wichtig sind. Dennoch ist es keine schlechte Möglichkeit, wenn man einen Vizsla möchte. Ein guter Ansprechpartner für so eine Unternehmung wäre der in Budapest sitzende ungarische Kennelclub „Magyar Ebtenyésztok Országos Egyesületeinek Szövetsége", das Pendant zum deutschen VDH. Keine Angst wegen möglicher Sprachprobleme, viele Ungarn sprechen sehr gut deutsch. (www.kennelclub.hu)

VOM DEUTSCHEN NICHT-VDH-ZÜCHTER

Schwarzzüchter, Dissidenzzüchter ... – es gibt eine Reihe von abwertenden Bezeichnungen für Vizsla-Züchter, die nicht im VUV züchten. Das darf aber nicht dar-

Es gibt mehrere Wege einen Vizsla zu bekommen – Tierbörsen im Internet sind der schlechteste.

über hinwegtäuschen, dass es auch in den Reihen der „unkontrollierten" Züchter eine Reihe guter, sehr besonnener Leute gibt. Im VDH kann man eben nur als Jäger züchten. Wer das nicht ist, muss andere Wege gehen. Aber: Dass man keinem Verband angehört und keine Papiere ausgeben kann, heißt nicht, dass man keine Zuchtordnung braucht. Fragen Sie den Züchter also ruhig nach den HD-Werten seiner Zuchttiere, wer die Bilder gemacht und wer sie beurteilt hat. Worauf legt er bei der Zucht Wert, wie hat er den Rüden ausgesucht und warum? Machen Sie in Sachen Züchterqualität keine Abstriche gegenüber einem VDH-Züchter!

MITGLIED IM FORUM WERDEN

Werden Sie Mitglied im mittlerweile über 10.000 Mitglieder zählenden Magyar-Vizsla-Forum auf Facebook und fragen Sie dort, welche Züchter die Mitglieder empfehlen. In der Regel bekommen Sie dort sehr schnell Antworten und Erfahrungsberichte.

NICHTS FÜR ANFÄNGER: AUS DEM TIERSCHUTZ

Die Tierschutzszene in Deutschland ist sehr aktiv, und selbstverständlich werden dort auch Vizsla vermittelt. „Vizsla in Not" und „Vizsla-Hilfe" sind nur zwei von mehreren möglichen Anlaufstellen. Aber Achtung: Hunde aus dem Tierschutz sind immer Hunde mit Geschichte – und von der kennen selbst die engagiertesten „Retter" meist nicht alle Facetten. Das heißt: Sie bekommen immer einen Hund mit ein paar Macken, Ängsten und erworbenen Verhaltensweisen, mit denen man umgehen können muss. Vieles kann man mit Herz, Verstand, Zeit und einer guten Portion Sachkenntnis ausbügeln, anderes muss man einfach akzeptieren und lernen, damit zu leben. Dafür muss man aber auch der Typ sein. Wenn man das allerdings ist, dann kann man mit so einem „Tierschutz-Vizsla" sehr glücklich werden. Ist man es nicht, versuchen Sie es bitte gar nicht erst. Geht's schief, ist keiner glücklich.

DIE WELPENAUSWAHL

Züchter gefunden, Welpe zugesagt – doch welchen nimmt man jetzt? Das ist, wenn es so weit ist, die für jeden Welpenkäufer am schwierigsten zu beantwortende Frage. Gleich vorweg: nicht den, der als Erstes auf Sie zuläuft. Und auch nicht den, bei dem man „fühlt", dass er der Richtige ist.

MIT DEM ZÜCHTER ZUSAMMEN AUSWÄHLEN

Sie sollten bei der Auswahl des richtigen Welpen mit ihrem Züchter zusammenarbeiten. Der Grund ist ziemlich einfach: So unterschiedlich Vizsla als ausgewachsene Hunde aussehen mögen, so sehr ähneln sie einander als Welpe. Bei einem gleichmäßigen Wurf sieht der eine tatsächlich oft aus wie der andere und die Welpen sind nur an den farbigen Halsbändern, die der Züchter ihnen umlegt, zu unterscheiden. Wonach wollen Sie also gehen?
Hinzu kommt, dass sich die Hunde unterschiedlich schnell entwickeln. Nach der Geburt geht's mit dem Gewicht erst mal runter, danach hoch, und das in unterschiedlichem Tempo. So kann der Kräftigste im Wurf nach drei Wochen durchaus im unteren Drittel liegen und der „Kleinstgeborene" alle seine Geschwister überflügelt haben.

DER IDEALFALL

So läuft's, wenn's richtig gut geht: Ihr Züchter hat Ihnen schon vor der Geburt einen Welpen zugesichert. Der Wurf fällt, er informiert Sie, dass Ihr Welpe geboren wurde, und dann ist erst mal drei Wochen lang Ruhe. Mutter und Welpen bleiben ungestört, ab und zu schickt der Züchter Ihnen ein paar Bilder.
Nach drei Wochen bekommen Mutter und Welpen das erste Mal Besuch. Alle Welpenbesitzer kommen und wundern sich, wie „unfertig" die Kleinen noch sind, verstehen mit einem Mal aber, warum der Züchter die Wahl des Welpen nach hinten verschoben hat. So etwas wie eine Persönlichkeit entwickeln die Kleinen nämlich erst mit etwa fünf Wochen. Und wenn Sie bis dahin ein paarmal zu Besuch waren, der Züchter Sie ein wenig kennt und weiß, ob Sie eher einen Draufgänger oder einen eher zurückhaltenden Hund möchten, wird er gemeinsam mit Ihnen schon die richtige Wahl treffen.

Welcher ist Ihrer? Der Züchter hilft bei der Wahl.

DER KAUFVERTRAG?

Im Leben lässt sich eine Menge durch Verträge regeln, der Hundekauf nicht. Denn vieles, was dort reingeschrieben wird, ist juristisch kaum durchsetzbar. So freut sich der Züchter natürlich, wenn die neuen Welpenbesitzer ihre Hunde mit einem Jahr auf HD röntgen lassen, weil solche Daten für ihn interessant sind. Tut der Welpenkäufer es aber nicht, kann man ihn schlecht zwingen. Umgekehrt kann man als Züchter auch keine Garantie geben, dass der Hund niemals krank wird, jagdlich besonders gut veranlagt ist oder Ähnliches. Das Erste ist Biologie (jeder kann krank werden), das Zweite hängt sehr vom Hundebesitzer ab, denn eine Anlage, die nicht gefördert wird, kann sich nicht entwickeln.

Wundern Sie sich also nicht, wenn Ihr Züchter Ihnen statt eines irgendwie ausgestalteten Vertrages einfach nur eine Quittung gibt. Gute Jagdhunde werden noch heute oft nur per Handschlag und dem Hinweis „Wenn's Probleme gibt, bringst du mir den Hund zurück, kriegst dein Geld wieder, keine Diskussion" verkauft. Wichtig ist nur, dass Sie die Ahnentafel mitbekommen. Darin steht Ihr Name und damit gehört der Hund auch rechtlich Ihnen! Wenn Sie Ihren Hund ohne Ahnentafel kaufen, machen Sie sicherheitshalber einen Kaufvertrag. Folgendes sollte dann im Kaufvertrag stehen: Adressen von Käufern und Verkäufer, die Bestätigung, dass der Hund ihm gehört und zum Zeitpunkt der Übergabe gesund ist. Rasse, Chipnummer, Kaufpreis, Wurfdatum, Übergabedatum.

Ein gut gezogener Welpe mit FCI-Papieren kostet um die 1.200 Euro.

DER WELPENPREIS

Hunde sind vieles, unter anderem ein Handelsgut. Und weil Vizsla eben auch Modehunde geworden sind, rufen manche Verkäufer hohe Preise auf und viele Käufer sind bereit, viel zu bezahlen.

Als Faustformel: Ein Welpe mit FCI-Papieren aus dem VUV kostet 1.200 Euro. Dafür haben die Elterntiere eine mindestens drei Jahre dauernde Ausbildung hinter sich, wurden von Tierärzten auf Herz und Nieren untersucht und von unabhängigen Gutachten bewertet. Die Züchter haben sich Gedanken über die Verpaarung gemacht, unter Umständen lange Reisen auf sich genommen und sich in den Wochen vor der Abgabe liebevoll um die Welpen gekümmert, sie anständig geprägt und bereits mit der Sozialisierung begonnen. Ein Anfang ist also gemacht!

DIE ENTWICKLUNG DES WELPEN

Nach ca. 63 Tagen werden die Welpen geboren. Das ist für jemanden, der noch nie bei einer Geburt dabei war, an sich schon ein faszinierendes Erlebnis.
Es klingt ein wenig pathetisch, aber das ist das vielzitierte „Wunder des Lebens“: Hier ist man Zeuge und hat reichlich Zeit zu staunen, denn mit der ersten Wehe setzt ein genetisches Programm ein, das in den nächsten Wochen alles regelt und manchmal zu Momenten führt, in denen man seine eigene Hündin nicht wiedererkennt. Dann zum Beispiel, wenn aus dem Wohnzimmer ein gellender Hilferuf ertönt, weil die bisher immer friedliche Hündin plötzlich einen Nachbarn an die Wand stellt, da der neugierige Kerl den Hinweis, er möge nicht ins Wohnzimmer zu den Welpen gehen, einfach mal ignoriert hat.

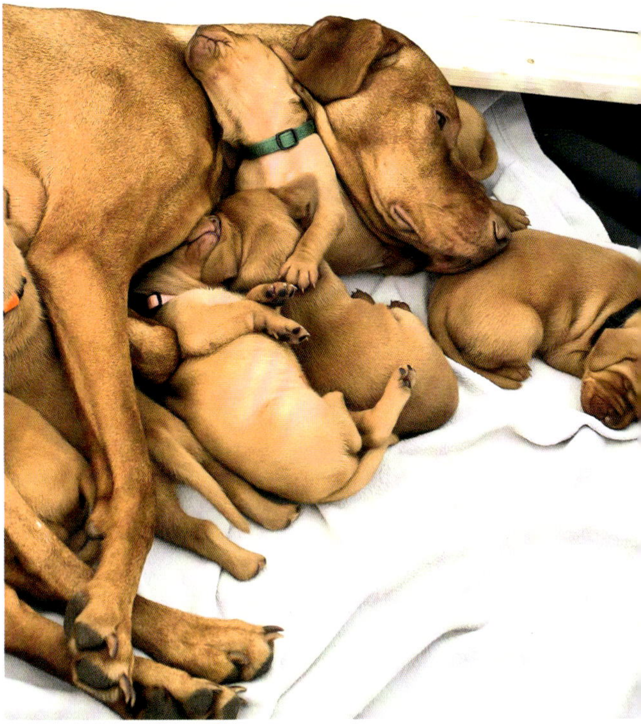

Schlafen, trinken, schlafen, trinken ... so vergehen die ersten Wochen.

DIE „NEONATALE PHASE“

„Neonatal“ bedeutet „neugeboren“ und bezeichnet die etwa zwei Wochen andauernde Phase, in der der Welpe ausschließlich reflexartig reagiert. Denn Hunde werden in einem sehr unreifen Entwicklungszustand geboren. Sie sind Nesthocker.
Welpen sind bei der Geburt blind und taub, können aber schon winseln, um die Aufmerksamkeit der Hündin auf sich zu ziehen. Sie haben einen Gleichgewichtssinn (obwohl sie ihr eigenes Gewicht noch nicht tragen können) und schon einen Geschmacks-, Geruchs- und Tastsinn. Das Einzige, das schon gut funktioniert, sind die Nase und der Geschmackssinn. In der Gebärmutter der Hündin wurde bereits ein Pheromon ausgeschüttet, das jetzt auch an der Gesäugeleiste produziert wird. Die Welpen kennen den Geruch also aus dem Fruchtwasser und folgen ihm mit pendelnden Kopfbewegungen zur Zitze. Übrigens kann der Welpe auch seinen Wärmehaushalt noch nicht regeln, weshalb sich die Kleinen immer zum Knäuel zusammenfinden.
Die Hündin ist in dieser Zeit nicht nur die alles sauber machende Putzfrau, sondern auch der Bodyguard der Kleinen. Und das heißt vor allem: Sie entscheidet selbst, wen sie an die Welpenbox heranlässt. Wenn sich da also jemand in das Zimmer schleicht, dessen Nase der Hündin nicht gefällt ...

Ab Tag 10 öffnen sich die Augen.

Nach dem Balgen und Toben ist wieder Schlafenszeit.

DER 11. BIS 21. TAG: DIE „ÜBERGANGSPHASE"

In dieser Zeit lernt der Welpe, seine Körpertemperatur selbst aufrechtzuerhalten. Sein Verdauungssystem ist angesprungen, er kann selbstständig Kot und Harn absetzen – und sehr zum Leidwesen des Züchters frisst die Hündin die Exkremente jetzt nicht mehr. Das heißt: Ab jetzt muss er sauber machen!

Wenn Ihr Züchter gut ist und die Möglichkeit hat, dann gibt er den Kleinen nun die Möglichkeit, die Welpenbox zu verlassen, um ihr Geschäft „draußen" zu erledigen. Das hilft, sie später schneller stubenrein zu bekommen, denn „ihr Nest" beschmutzen Welpen eigentlich nicht.

Mit der Entwicklung des Seh- und Gehörsinns reagiert der Welpe jetzt auch immer mehr auf Umweltreize – und da sein Gehirn auch gerade noch „im Aufbau" ist, ist es wichtig, ihm zu dieser Zeit schon ein Umfeld zu bieten, in dem er sensorische Erfahrungen machen kann: Musik, menschliche Stimmen, Streicheln. Außerdem beginnen die Welpen nun auch, spielerisch miteinander zu kämpfen.

DIE PRÄGE- UND SOZIALISATIONSPHASE

Mit dem Beginn der vierten Woche (also so um den 21. Lebenstag herum) beginnt die bis etwa zur 16. Woche andauernde Präge- und Sozialisationsphase. In dieser Zeit bildet sich die Basis für das zukünftige Verhalten des Hundes.

Soziales Spiel ist das wichtigste Merkmal der Sozialisierungsphase. Beim Raufen, Balgen und Zusammensein mit seinen Wurfgeschwistern lernt er den Umgang mit anderen Welpen, die Verständigung und die Körpersprache. Außerdem lernt er den „Sozialpartner Mensch" kennen und mit ihm zu kommunizieren.

Diese Sozialisationsphase ist wichtig, denn was der Welpe jetzt nicht lernt bzw. kennenlernt, damit tut er sich im späteren Leben oft schwer. Ein Beispiel: Ein Welpe, der früh vom Wurf entfernt und von Menschenhand aufgezogen wird, entwickelt zwar eine enge Bindung an den Menschen, andere Hunde aber werden ihn ängstigen, und wahrscheinlich wird er später aggressiv auf sie reagieren. Genauso, wenn der Welpe während der Sozialisierungsphase

nicht mit Menschen sozialisiert wurde. Dann hat er später Angst vor ihnen und kann gegen sie aggressiv sein.
Deshalb ist es wichtig, wie Ihr Züchter diese Zeit nutzt und wie aktiv er als „Welpen-Vater" ist. Denn was immer der Welpe in dieser Zeit kennenlernt, wird er behalten – im Guten wie im Schlechten. Die „Entdeckerphase" kann für den Züchter übrigens recht anstrengend sein: Denn so neugierig die Welpen sind, so wenig ängstlich sind sie. Warum das so ist? Weil es aus Sicht von „Mutter Natur" keinen Sinn macht. Denn wer die Welt entdecken soll, soll und darf nicht bei jedem Schritt gegen die Angst ankämpfen.
Die Kehrseite ist, dass junge Hunde ziemlich unbedacht durch die Welt laufen und wir deshalb gut auf sie aufpassen müssen. Denn wenn sie jetzt etwas Negatives erleben, bleibt das mit hoher Wahrscheinlichkeit für immer haften und hat mitunter lebenslangen Einfluss auf ihr Wesen und ihren Umgang mit Menschen und Artgenossen.

An dieser Stelle eine wichtige Anmerkung: So etwas wie den berühmten „Welpenschutz" gibt es nicht. Im eigenen Rudel mag es so etwas wie Rücksichtnahme oder gar Duldung geben, fremde Hunde aber haben keine natürliche Hemmung, wenn es darum geht, einen jungen Welpen über den Haufen zu rennen oder ihn gar zu beißen. Wenn Sie mit Ihrem neuen Familienmitglied also das erste Mal im Park stehen, ein erwachsener Hund ankommt und ihn drangsaliert, lassen Sie sich nicht von seinem Besitzer aufhalten, einzugreifen, bloß weil der sagt: „Lassen Sie mal, die regeln das untereinander!" Hunde regeln untereinander höchstens, wer gerade mal das Sagen hat ... – und da hat Ihr Kleiner einfach keine Chance. Also: Helfen Sie ihm!

Welpenspiel ist oft wild und ruppig. Rücksichtnahme muss gelernt werden.

Eine Box (Kennel) ist ein idealer Rückzugsort zum Ruhen.

BEVOR DER WELPE KOMMT – ERSTE VORBEREITUNGEN

Mit acht, spätestens aber zehn Wochen zieht der Welpe bei Ihnen ein. Ein großer Tag, auf den Sie sich vor allem emotional vorbereiten sollten. Was die „Ausrüstung" angeht, so ist es überschaubar.

WELPENFUTTER

In der ersten Zeit füttern Sie am besten das Futter weiter, das Ihr Welpe beim Züchter bekommen hat. Mehr zum Thema Fütterung finden Sie ab Seite 105.

FUTTER- UND WASSERNAPF

Da Sie die tägliche Ration Ihres Welpen zu Beginn auf drei bis vier Mahlzeiten täglich verteilen, kann der Futternapf ruhig ein bisschen kleiner sein. Der Wassernapf hingegen sollte so groß sein, dass er nicht ständig nachgefüllt werden muss und der Hund immer genug frisches Wasser hat.

KAUARTIKEL

Die Welt zu erkunden, indem man sie „bekaut", ist für Welpen leider nicht untypisch. Geben Sie Ihrem Welpen also besser etwas zu kauen, bevor er die Fransen am Teppich entdeckt. Aber Achtung bei der Wahl der Kauartikel: Sie dürfen nicht zu hart sein. Geeignete Kauartikel sind zum Beispiel Rinderhaut oder Ochsenziemer. Kurze Erklärung: Der Zahnwechsel findet irgendwann zwischen dem vierten und siebten Monat statt, und die Milchzähne sind lange nicht so stabil wie die 42 Zähne, die Ihren Hund anschließend durchs Leben begleiten. Bricht ein Milchzahn ab, geraten Bakterien in die Pulpa. Zum einen ist das schmerzhaft, viel schlimmer aber:

Die Anlage der Erwachsenenzähne kann geschädigt werden, und das will niemand.

Ganz wichtig: Lassen Sie Ihren Hund nicht auf Stöckchen kauen! Und werfen Sie bitte auch nicht mit Stöckchen, um ihn zum Bringen zu animieren bzw. weil Sie gerade nichts anderes zur Hand haben, aber denken: „Oh, da liegt ja ein Stöckchen…"

Holz hat die unangenehme Eigenschaft, dass es splittert. Das passiert nicht ständig, dennoch kennt jeder Tierarzt Fälle, in denen er Splitter aus dem Maul entfernen musste. Und große Stöcke können sogar lebensgefährlich werden. Dann nämlich, wenn der Hund damit durchs Gelände läuft, irgendwo hängen bleibt und sich der Stock in die Maulhöhle bohrt.

HUNDEKORB/ HUNDEBOX

In Deutschland bekommen Welpen meist einen kuscheligen Hundekorb, und da Vizsla es gerne gemütlich haben, wird der unter Garantie auch gerne angenommen. In anderen Ländern, beispielsweise den USA oder auch England, kaufen neue Hundebesitzer meist sogenannte „Kennel". Das sind Hundeboxen, und der dahinterstehende Gedanke ist so gut, dass Sie darüber nachdenken sollten, es vielleicht auch so zu machen.
Eine Hundebox (egal aus welchem Material) ist ein abgeschlossener Raum, den der kleine Hund schnell als seine „Höhle" betrachten wird.
Füttern Sie ihn darin, wird sie positiv belegt, und er wird gerne darin liegen. Und das ist gut, weil man ihm auf die Art auch das Alleinebleiben beibringen kann. Da fliegt nicht einfach eine Tür zu und er bleibt allein in der Wohnung zurück, sondern er liegt in einer ihm vertrauten Höhle, in der lediglich die Tür zugemacht wurde. Nach ein paar Minuten geht sie wieder auf und alles ist gut. Am nächsten Tag bleibt sie ein paar Minuten länger zu … – und irgendwann verschläft der Kleine dort auch gerne ein oder zwei Stunden, in denen Sie einkaufen gehen oder die Kinder vom Kindergarten abholen können.
Außerdem hilft die Box, den Welpen stubenrein zu bekommen, denn in sein „Nest" wird er nicht hineinpinkeln.
Ist er erwachsen, stellt die Box einen Rückzugsort dar, an dem er seine Ruhe findet und in den Sie ihn auch mal ablegen können. Denn bei aller Liebe zum Hund gibt es im Alltag immer mal wieder Situationen, da hätte man den felligen Kerl gerne mal aus dem Zimmer.

Kleiner Napf, große Wasserschüssel. Viel mehr braucht's am Anfang nicht.

LEINE, HALSBAND, BRUSTGESCHIRR

Beim Thema Halsband und Leine können Sie es einfach halten. Kaufen Sie zunächst die leichteste Nylonleine und ein schlichtes Nylonhalsband. Sie können natürlich (weil es schöner ist) auch die teurere Ledervariante nehmen, aber das ist hinausgeworfenes Geld, nach ein paar Wochen nämlich passt das schöne Stück dem Welpen nicht mehr.
Schwieriger ist die Entscheidung zwischen Halsband und Brustgeschirr. Manche Hundebesitzer bevorzugen Brustgeschirre. Wenn man mal guckt, warum das so ist, stellt man jedoch oft fest, dass der Hund niemals gelernt hat, anständig an der Leine zu gehen. Und natürlich: Wenn ein Hund zieht, als gälte es, einen Schlitten durch die unendliche Weite Alaskas zu ziehen, dann übt das Halsband einen enormen Druck auf Kehlkopf und Halswirbelsäule aus.
Und jetzt sind wir bei der wahrscheinlich ersten Grundsatzfrage, die Sie für sich klären müssen. Was für ein Hundeführer möchten Sie sein? Einer, der seinem Hund etwas beibringt, auf gute Erziehung achtet, die Sache im Griff hat und deshalb nur die „Minimallösung Halsband" braucht? Oder denken Sie, dass man den Bewegungsdrang eines kleinen Hundes auf gar keinen Fall einschränken sollte?
Übrigens haben auch Brustgeschirre Nachteile: Sie sind nämlich in jedem Fall umständlicher anzuziehen. Tobt Ihr Hund durch den Wald, kann er daran hängen bleiben, und wenn sie nicht richtig sitzen, scheuern sie.
Mein Rat: Nehmen Sie ein Halsband und bestehen Sie vom ersten Tag darauf, dass Ihr Hund ruhig und gelassen neben Ihnen läuft. Losrasen kann er ja, wenn sie ihn abgeleint haben.

ACME-Pfeifen gibt's in großer Auswahl.

HUNDEPFEIFE

Eine gute Hundepfeife ist ein unverzichtbares Ausbildungsmittel und Sie sollten unbedingt immer eine dabeihaben. Denn zum einen gucken andere immer so komisch, wenn man quer über die Hundewiese brüllt, zum anderen ist sie ein wundervoll neutrales Hilfsmittel, weil sie keine Ihrer Stimmungen transportiert. Denn ein schlichter Doppelpfiff heißt für den Hund „Komm her!" und verrät ihm nicht, ob Sie gerade echt stinkig auf ihn sind oder ob ihn ein Leckerli erwartet. Und das ist wichtig, denn nichts ist schlimmer als ein Hund, der sich davor fürchtet, zu seinem Besitzer zu kommen.
Übrigens rufen auch viele Züchter die Welpen per Doppelpfiff zum Fressnapf. Der Grundstein ist also schon häufig gelegt, wenn Sie Ihren Welpen abholen. Welche Pfeife Sie nehmen, spielt im Grunde keine Rolle. Manche sind allerdings so unangenehm, dass sie im Ohr wehtun. Von der Firma ACME gibt es Pfeifen,

Geschirr oder Halsband? Mein Tipp: Geschirr für die „Arbeit" (Mantrailing, Zughundesport, Nachsuche), sonst Halsband.

die man in der stets gleichen Frequenz immer wieder neu kaufen kann. Das ist praktisch, wenn man sie verliert; sich an eine neue Pfeife zu gewöhnen schafft ein Hund allerdings auch.

APPORTEL

Apportel sind kleinere oder größere, mit Sand gefüllte Leinensäcke. Sie sind gut zu greifen und nicht allzu schwer. Wenn Sie Ihrem Vizsla das Apportieren beibringen möchten (um später zum Beispiel am Dummy-Sport teilzunehmen), brauchen Sie so ein Teil. Denn nichts ist besser, als dem Kleinen schon in sehr jungen Jahren spielerisch das Herantragen beizubringen. Für Welpen eignen sich besonders gut sogenannte Welpendummys (250 Gramm).

Aber Achtung! Ein Dummy ist kein Hundespielzeug. Der Hund soll es vom ersten Tag an mit Arbeit verbinden. Lassen Sie ihn nicht darauf herumkauen.

WELPENSPIELZEUG

Da bietet der Fachhandel reichlich Auswahl. Eine kleine Bitte: Verzichten Sie auf das beliebte „Bällchen-Werfen". Erstens, weil Sie den Hund dadurch richtig hochpeitschen können, vor allem aber, weil es süchtig macht. Ein Vizsla, der neben Ihrem Schreibtisch steht und immer wieder einen Ball auf den Boden fallen lässt, so lange, bis Sie den Ball irgendwann nehmen und wegwerfen, ist eine kolossale Nervensäge.

BRAUCHT EIN VIZSLA EINEN MANTEL?

Vizsla haben kein Unterfell, das Deckhaar bietet kaum Schutz vor extremer Witterung. Aber: Hunde gehen mit Kälte anders um als Menschen, und solange sie sich bewegen, haben sie kein Problem ihre Körpertemperatur zu halten. Wenn sie länger im eisigen Wind stehen müssen, ist aber ein Mantel wichtig!

Stichwort „Quietschespielzeug": Wenn's geht, kaufen Sie nichts, was quietscht. Zum einen, weil auch das nervt, vor allem aber, weil es das Zubeißen fördert. Und sollten Sie Ihren Vizsla irgendwann jagdlich führen wollen, muss er ein „weiches Maul" haben, das bedeutet, er hält den Gegenstand oder das Wild ganz vorsichtig im Maul.

TRANSPORTBOX FÜRS AUTO

Eine qualitativ hochwertige Transportbox ist gut angelegtes Geld. Zum einen, weil es einem das Bußgeld für den ungesicherten Transport des Hundes erspart, vor allem aber, weil der Hund darin sicher sitzt und nichts auf ihn drauffallen kann. Nebeneffekt: Ihr Wagen bleibt sauber. Außerdem – und wir alle wissen, wie schnell sich Autos aufheizen – bietet die Transportbox den Vorteil, dass Sie im Sommer beim stehenden Auto die Heckklappe auflassen können, damit der Hund Luft bekommt. Achten Sie beim Kauf darauf, gleich eine Box zu kaufen, die ein wenig größer ist und in die der Hund später auch noch reinpasst. Und was ist mit Hundegittern? Ja, sie funktionieren auch, zumindest befriedigt man durch sie den Gesetzgeber. Das Problem: Bei vielen Trenngittern gibt die Befestigung nach, sobald ein bisschen Druck draufkommt. Und ein bei einer Vollbremsung nach vorne geschleuderter Hund hat reichlich Tempo.

HAFTPFLICHT-VERSICHERUNG

Sie ist gesetzlich vorgeschrieben, denn als Tierhalter haftet man für jeden Schaden, der durch das Tier angerichtet wird, unabhängig von der Schuldfrage. Aber auch sonst wäre sie ein unbedingtes „Must-have". Denn irgendwas passiert immer mal, und

Wer genug Welpenspielzeug hat, schont die Möbel.

Eine Hundebox ist ein „Must-have“, denn ein gesicherter Transport ist vom Gesetzgeber vorgeschrieben.

sei es nur, dass der Hund am Auto hochspringt und der Besitzer plötzlich mikrofeine Kratzer im Lack findet.
Mein Tipp: Wenn Sie Jäger sind und den Hund jagdlich ausbilden wollen, rufen Sie Ihren Versicherer an, bei dem Sie Ihre Jagdhaftpflicht abgeschlossen haben. Hunde sind da in den ersten zwei Jahren auch ohne Brauchbarkeitsbescheinigung in der Regel automatisch mitversichert.

KRANKEN- UND OP-VERSICHERUNG

In den skandinavischen Ländern, Frankreich und England ist es mittlerweile selbstverständlich, in Deutschland noch nicht: die Krankenversicherung für Hunde. Sie wird von verschiedenen Versicherern angeboten. Ob sie sich lohnt, muss allerdings jeder für sich selbst ausrechnen. Grundsätzlich unterscheidet man zwischen der Kranken- und einer OP-Versicherung. Die Krankenversicherung deckt, je nach Anbieter, Tierarztbesuche, Zahnbehandlungen und noch mehr ab, ist in der Regel aber einigermaßen teuer.

Die OP-Versicherung hingegen greift nur in Fällen, bei denen der Hund in Narkose gelegt werden muss. Da Narkosen heute aber schonender sind als früher und Tierärzte deshalb viele Hunde für eine ganze Reihe von Behandlungen „schlafen legen“, ist sie in der Regel eine gute Investition.

Checkliste

WELPENGRUNDAUSSTATTUNG

- ☐ Futter- und Wassernapf
- ☐ Hundekorb bzw. Hundebox
- ☐ Welpenfutter nach Rücksprache mit dem Züchter
- ☐ Kauartikel
- ☐ Halsband, Leine (Brustgeschirr)
- ☐ Hundepfeife (z. B. ACME-Pfeife)
- ☐ Weiche Bürste, Zeckenzange
- ☐ Apportel (z. B. Welpendummy)
- ☐ Welpenspielzeug ohne Quietscher
- ☐ Autotransportbox
- ☐ Haftpflichtversicherung
- ☐ Evtl. Kranken- und OP-Versicherung

JETZT WIRD'S ERNST – DER WELPE IST DA!

Für alle Familien ist es ein großer Tag, wenn der Welpe endlich einzieht. Tun Sie sich selbst den Gefallen und gehen Sie, einige Tage bevor Sie Ihren Welpen abholen, noch einmal durchs Haus und achten Sie auf ein paar Kleinigkeiten, die man gerne vergisst.

SICHERHEITS-VORKEHRUNGEN

Junge Hunde haben ein großes Talent dafür, herabhängende Kabel zu beknabbern, die Fernsehsteuerung vom Couchtisch zu angeln und zu zernagen oder die neuen Gardinen herunterzureißen. Wenn es Bereiche gibt, von denen Sie nicht möchten, dass der Hund reingeht: Kinderschutzgitter sind oft eine gute Lösung.
Und gehen Sie im Garten noch mal den Zaun ab, damit Sie auch gewiss keine undichte Stelle übersehen haben.

Darauf sollten Sie außerdem achten:

— Treppen sichern, z. B. durch Kinderschutzgitter.
— Gefährliche Pflanzen wie Kakteen oder giftige Pflanzen (Infos dazu finden Sie z. B. hier: www.giftpflanzen.ch) im Haus aus dem Weg räumen.
Im Garten entweder entfernen oder umzäunen.
— Putzmittel, Dünger oder Chemikalien wegräumen und in Schränken aufbewahren.
— Medikamente, Zigaretten, Schokolade (ist giftig für Hunde!) wegräumen. Beispiel: zwei Zigaretten führen zur Vergiftung, 25 mg Ibuprofen sind tödlich.

DER WELPE WIRD ABGEHOLT

Züchter geben die Welpen am liebsten alle gemeinsam an einem Tag ab. Der Trennungsschmerz ist dann schneller vorbei und nach acht bis zehn Wochen Trubel zieht auch wieder Ruhe ein im Haus. Der Abholtermin richtet sich bei VUV-Vizsla in der Regel nach dem Datum der Wurfabnahme durch den Zuchtwart. Grundsätzlich gilt: Ohne Wurfabnahme keine Abgabe an die neuen Besitzer.
Denken Sie daran, dass dieser Tag für Sie zwar eine Freude, für den Welpen aber eine große Veränderung ist. Er verliert sein bisher vertrautes Rudel, die Umgebung; und alles, was damit zusammenhängt, verändert sich. Das bedeutet Stress, mit dem der Welpe umgehen muss.
Machen Sie es ihm also so leicht wie möglich: Fahren Sie möglichst zu zweit, damit einer sich während der Fahrt um den Kleinen kümmern kann. Planen Sie genügend Fahrzeit ein, damit Sie Spielraum für Pausen haben, und rechnen Sie damit, dass der Welpe unterwegs unruhig wird.

Wichtig! Leinen Sie den Welpen auf der Heimfahrt nicht ab, wenn er sich lösen muss!

Nehmen Sie sich Zeit für die ersten Wochen, denn Bindung ist der Anfang von allem.

FORMALITÄTEN

Beim Züchter gibt es zunächst ein bisschen Papierkram zu erledigen. Der Kaufvertrag muss ausgefüllt und unterschrieben werden, Sie bekommen die Ahnentafel ausgehändigt und einen EU-Heimtierausweis, in dem bereits die ersten Impfungen eingetragen sind. Wenn Sie den Knirps mit acht Wochen abholen, ist er bereits einmal geimpft, mit zwölf Wochen aber müssen Sie noch einmal impfen lassen. Auch die Tollwutimpfung ist erst ab der 12. Woche möglich.

DIE AHNENTAFEL

Die Ahnentafel begleitet den Hund durch sein ganzes Leben. Seine Abstammung, Prüfungs- und Ausstellungsergebnisse, ein eventueller Besitzerwechsel, die Ergebnisse der HD- und Augenuntersuchung ... – alles wird dort eingetragen. Außerdem müssen Sie sie zu jeder Prüfung im Original vorlegen. Daher: Verlieren Sie sie nicht, ein Ersatz ist mühselig zu beschaffen! Vergleichen Sie gemeinsam mit dem Züchter noch einmal die Chipnummer Ihres

Gibt's vom Züchter: Ahnentafel, Heimtierausweis, Futter.

Welpen mit der Nummer in der Ahnentafel und im EU-Heimtierausweis. Der Grund: Die Welpen bekommen den Chip zwar erst mit acht Wochen, die Züchter müssen jedem Welpen aber schon sehr viel früher einen Chip zuordnen, um die Papiere zu beantragen. Bis zum ersten Tierarztbesuch liegen die Chips deshalb in einer Schublade, und wenn man nicht höllisch aufpasst, verwechselt man leicht etwas.

DER EU-HEIMTIERAUSWEIS

Wer mit seinem Hund verreisen will, braucht einen gültigen EU-Heimtierausweis, und selbstverständlich bekommen auch Sie so einen vom Züchter mit. Das blaue Heft dient primär zur Überprüfung der Identität des Tieres und erst in zweiter Linie als Impfnachweis. In ihm sind neben der Mikrochipnummer (tätowiert wie früher wird heute nicht mehr) auch die Daten des Besitzers eingetragen. Außerdem gibt es Felder, in denen besondere Merkmale des Hundes eingetragen werden können. Sobald der Tierarzt die Angaben eingetragen hat, werden sie vom Besitzer unterschrieben. Anschließend wird die Seite abgeklebt – so können die Daten hinterher nicht einfach geändert werden.

DIE CHIPNUMMER

Kurz vor der Abgabe geht der Züchter mit den Welpen zum Tierarzt. Dort werden sie das erste Mal geimpft, der Veterinär stellt die Heimtierausweise aus und chipt die Welpen. Der Chip ist etwa so groß wie ein Reiskorn, wird in der Regel in die linke Halsseite gesetzt und trägt eine 15-stellige Identifikationsnummer, die sowohl in der Ahnentafel als auch im Heimtierausweis vermerkt wird. Diese Nummer ist einmalig und kann mit einem speziellen Lesegerät ausgelesen werden.

REGISTRIEREN LASSEN!

Melden Sie Ihren Welpen möglichst schnell bei TASSO an. TASSO ist das größte Haustierregister, und als ehemaliger Besitzer zweier Terrier kann ich guten Herzens sagen: Sie machen einen guten Job! Mittlerweile schauen alle Tierärzte, die Polizei und Tierheime bei irgendwo aufgelesenen Tieren zunächst nach dem Chip und rufen anschließend bei TASSO an, um herauszufinden ob das Fundtier registriert und wer der Besitzer ist. Die Chancen, ein bei TASSO registriertes Tier wiederzufinden, sind also sehr hoch. Die Registrierung via Internet ist übrigens kostenlos. (www.tasso.net)

DIE ERSTE ZEIT MIT DEM JUNGEN HUND

Wenn der Welpe erst mal zu Hause ist, geschieht manchmal etwas Seltsames: Sosehr man sich auf den Hund und auf diesen Moment gefreut hat, plötzlich wird man unsicher, stellt seine Entscheidung in Frage, zweifelt, ob man dem Thema Hund gewachsen ist, und hat trotz aller Zuversicht plötzlich keine Ahnung, wie es denn nun weitergeht. Hier gilt: Locker bleiben, Sie wachsen da rein!

Wenn der Welpe das erste Mal in Ihr Haus kommt, lassen Sie ihm reichlich Zeit, alles zu erkunden. Es ist sein neues Zuhause, er sollte die Chance haben, es in Ruhe kennenzulernen. Das bedeutet aber auch, dass sich alle Kinder und Erwachsenen, die den Kleinen erst mal knuddeln und auf den Arm nehmen wollen, zurückhalten. Denken Sie bitte daran, dass es für den jungen Hund ein enorm stressiger Tag ist. Weniger ist in diesem Fall wirklich mehr. Zeigen Sie ihm als Erstes die Stelle, an der er sich zukünftig lösen soll, seinen Ruheplatz, sein Körbchen oder (besser) seine Box – und seien Sie bitte vom ersten Moment an konsequent und diszipliniert. Ein alter Hundeausbilderspruch lautet: „Willst du, dass dein Hund Schuhe zerkaut, gib ihm Schuhe zu zerkauen!" Soll heißen: Wenn Sie nicht möchten, dass Ihr Hund später auf dem Sofa liegt, lassen Sie ihn nicht aufs Sofa! Heben Sie ihn nicht hoch, weil Sie es Ihrer alten Mutter nicht zumuten wollen, den Welpen auf dem Teppich zu begrüßen. Nein, nicht mal „nur kurz" oder „ausnahmsweise". Sie werden sich wundern, wie schnell Ihr Vizsla lernt, dass es immer eine Ausnahme von der Regel gibt, und Ihnen anschließend frech auf der Nase herumtanzt. Hunde sind Opportunisten. Junge Vizsla sind vielleicht besonders süße Opportunisten, in ihren Bemühungen aber auch ziemlich hartnäckig und sehr, sehr zielstrebig.

Seien Sie konsequent. Jeder hat seinen Platz.

KÖRPERKONTAKT IST WICHTIG

Körperkontakt ist für Ihren Welpen wichtig. Denn wenn Sie ihn im Arm halten, an sich drücken oder streicheln, wird Oxytocin von der Hirnanhangsdrüse ausgeschüttet – übrigens auch bei Ihnen. Das Hormon hat im Körper mehrere Funktionen, unter anderem verstärkt es die Bindung, wirkt beruhigend und löst Wohlbefinden aus.
Und es gibt einen weiteren Grund, warum Sie Ihren Welpen möglichst oft und vor allem überall streicheln sollten: Wenn Sie jemals zu einer Hundeprüfung oder einer Ausstellung gehen, wird dort geprüft, ob der Rüde zwei Hoden hat. Außerdem muss der Hund zulassen, dass der Richter seinen Fang öffnet, um zu sehen, ob das Gebiss vollständig ist. Öffnet er ihn nur widerwillig oder gar nicht, wird man disqualifiziert. Das Gleiche gilt für den Fall, dass der Richter angeknurrt oder gar gebissen wird.
Und drittens freut sich Ihr Tierarzt, denn es gibt für Veterinäre nichts Schlimmeres, als einen Hund untersuchen zu müssen, der ständig knurrt und schnappt.

Vizsla lieben engen Körperkontakt.

STUBENREINHEIT

„Sag mal, hat der Kleine gerade gefiept? Oh, schon passiert …!“ Vor wenigen Dingen haben Neu-Hundebesitzer so viel Angst wie vor der Frage: „Wie bekommen wir den neuen Hund stubenrein?“ Keine Sorge, das ist gar nicht so schwierig.
Zunächst sollten Sie wissen, dass kaum ein Welpe „einfach so“ lospinkelt. Es gibt bestimmte Situationen, da weiß man vorher, dass es gleich geschehen wird: **zum Beispiel nach dem Wachwerden, nach dem Spielen und ganz sicher so ziemlich sofort, nachdem er gefressen hat.**
Und es gibt Situationen, in denen er es ankündigt. Durch ein kurzes Fiepen, ein Wackeln mit dem Hintern oder Ähnliches. Wie genau dieses „Achtung, ich muss mal!“ aussieht, ist von Hund zu Hund individuell, und es liegt an Ihrer Beobachtungsgabe, herauszufinden, wie er es macht.
Kurz: Wie schnell Ihr Welpe stubenrein wird, hängt sehr von Ihrer Aufmerksamkeit und Reaktionsgeschwindigkeit ab.
Wenn Sie merken, dass es so weit ist, zögern Sie nicht: Nehmen Sie ihn auf den Arm, bringen Sie ihn in den Garten und setzen Sie ihn auf den Rasen. Wenn er sein „Geschäft“ erledigt, loben Sie ihn, freuen Sie sich. Wenn die Nachbarn denken, Sie seien verrückt geworden, ist es gerade genug. Die gute Nachricht übrigens lautet: Bisher hat's noch jeder geschafft!

FAUSTREGEL ZUR STUBENREINHEIT

Gehen Sie ca. alle zwei Stunden mit Ihrem Welpen zum Lösen ins Freie, außerdem immer nach dem Wachwerden, nach dem Spielen, nach dem Fressen und bevor Sie abends ins Bett gehen.

Der erste Apport. Am Anfang ist alles spielerisch. Hauptsache, es macht Spaß.

Sollte es schiefgehen und er pinkelt auf den Küchenboden oder gar auf den Teppich, machen Sie bitte kein Drama aus. Er ist klein, und Sie haben nicht aufgepasst, das kann passieren. Und bitte werden Sie nicht ärgerlich, greifen Sie sich den Kleinen nicht und stecken seine Nase nicht in das Dilemma. Das war früher recht üblich und wurde meist von lautem Gebrüll begleitet, bringt aber nichts, außer dass der Hund Angst vor Ihnen bekommt. Hunde sind in ihrem Lernverhalten nämlich „Verknüpfer". Er macht etwas, etwas passiert – und schon hat er was gelernt. In diesem Fall: Er macht gerade einen krummen Rücken, Sie werden laut und tragen ihn weg, und er wird sich merken, dass er auf diese Stelle nicht hinmachen soll. Werden Sie drei Minuten später laut, hat er schon lange vergessen, worum es gehen könnte. Daher: Die Nase im Kothaufen ist nichts anderes als das, wonach es aussieht: eine Sauerei, und zwar vom Besitzer!

Mein Tipp: Ihr Welpe wird niemals in sein eigenes Nest pinkeln. Wenn der Schlafplatz des Welpen eine Box ist, aus der er nicht von alleine herauskommt, wird er winseln, bevor es losgeht. Stellen Sie die Box nachts bitte ins Schlafzimmer und vertrauen Sie auf Ihren leichten Schlaf. Die gute Nachricht: In er Regel schläft er nach ein paar Tagen durch.

BEWEGUNG

„Wer seinen Welpen zu viel bewegt, macht die Hüften kaputt." Mit so einem Satz kann man in den Internetforen viel Beifall bekommen, und es stimmt ja auch. Was aber bedeutet das praktisch? Darf ich meinen Welpen auf einen kurzen Waldspaziergang mitnehmen und ihn anschließend noch mit den Kindern im Garten spielen lassen? Muss ich ein schlechtes Gewissen haben, wenn der kleine Hund von alleine die Treppe hinaufkrabbelt?

Etwas Grundsätzliches zum Thema HD: Hüftdysplasie (HD) ist eine Fehlstellung der Hüfte. Der Kopf des Oberschenkels passt nicht richtig in die Hüftgelenkspfanne des Beckens. Das kann in schweren Fällen schon bei jungen Hunden zu Problemen führen, in der Regel aber leiden erst ältere Hunde unter Beschwerden. Es gibt aber auch jede Menge Hunde, die haben eine schlechte Hüfte und haben nie Probleme.

„Was ist das denn?" Auch andere Rassen müssen kennengelernt werden.

Die berühmte HD ist eine sogenannte „Multifaktorenkrankheit." Das heißt, es gibt mehrere Gründe, wie man zu einer Hüftdysplasie kommen kann: Vererbung, Ernährung und zu viel Bewegung während des Knochenwachstums. Im Klartext: Sie können Pech haben und Ihr Hund hat kaputte Hüften geerbt. Dagegen können Sie nichts tun. Dass er nicht übergewichtig wird, können Sie aber verhindern. Und wenn Sie ihn schon mit vier Monaten neben dem Fahrrad herlaufen lassen, dürfen Sie sich später auch nicht wundern, wenn das noch nicht ausgehärtete Gelenk kaputtgegangen ist.

Wie viel Bewegung ist denn jetzt gut?

Grundsätzlich gilt: Welpen sollen sich bewegen, nicht bewegt werden!

Heißt: Wenn Ihr neues Familienmitglied aus eigenem Antrieb durch den Garten flitzt, ist alles gut. Wenn er durch eine Gruppe Kinder stundenlang dazu animiert wird, kann es schnell zu viel werden. Nun ist Ihr Vizsla höchstwahrscheinlich ein kleines Energiebündel und nur schwer zu bremsen. Mit der gerne zitierten Formel „3 x täglich 5 Minuten pro Lebensmonat" kommen Sie da nicht hin. Beweisen Sie Augenmaß: Natürlich können Sie ihn zu einem kleinen Waldspaziergang mitnehmen, und wenn der ein bisschen länger dauert, ist das von Zeit zu Zeit auch okay. Halten Sie einfach nur ein gesundes Maß ein. Bis zu einer Stunde im Schlendergang ist mal okay, aber nicht täglich! Wenn Sie sehen, dass er langsamer wird oder nicht mehr kann, animieren Sie ihn nicht, denn er selbst merkt nicht, wenn er sich überanstrengt. Nehmen Sie ihn auf den Arm und tragen Sie ihn das letzte Stück.

WELPENGRUPPE? ABER SICHER!

Wenn Ihr neuer Familienzuwachs zu Ihnen ins Haus kommt, ist er in der Regel zwischen acht und zehn Wochen alt, ziemlich quirlig und ungeheuer gelehrsam. Stellen Sie sich sein Gehirn jetzt wie einen Schwamm vor, der alles aufsaugt, was den Tag über passiert. Das ist die beste Zeit, ihn auf die Welt vorzubereiten (Hunden, die keine gute Sozialisation durchlebt haben, merkt man dieses Versäumnis ihr Leben lang an) – und dazu gehört auch, dass er lernt, mit anderen Hunden klarzukommen. Eine gute Welpengruppe ist da eine große Hilfe.

Zum besseren Verständnis: Bisher ging alles zum Welpen hin. Von der Mutter gab's Nahrung und Wärme, später über-

Spiel ist wichtig für die Sozialisation.

nahm der Züchter die Versorgerrolle. Mit den Geschwistern wurde gebalgt, Rücksichtnahme auf andere gab's nicht, und andere Hunde waren in der Regel auch nicht in der Nähe.

Nun aber ist alles anders. Jetzt ist er allein und muss sehen, wie er klarkommt. Und das kann auch schiefgehen: Wer keine Unterwerfungsgesten beherrscht oder nicht lernt, die Körpersprache der anderen Hunde zu lesen, kommt ziemlich schnell in Schwierigkeiten ...

Im Spiel mit anderen lernt er solche Gesten und noch viel mehr: Seine Beißhemmung nimmt zu, weil er auf sein rüpelhaftes Benehmen von den Artgenossen eine direkte Antwort erhält. Er lernt andere Rassen, deren Spielverhalten und Bewegungsmuster kennen, überwindet seine eigene Schüchternheit etc. Außerdem lernen Sie eine Menge über positive Erfahrungsvermittlung, es gibt kleine Übungen und der Spaß kommt nicht zu kurz. Mein Tipp: Es lohnt sich!

Eine gute Welpengruppe finden Sie über die Hundeschulen. Achten Sie aber bitte darauf, dass das eine beaufsichtigte und altersgemäß zusammengestellte Welpengruppe ist. Es macht keinen Sinn, einen drei Monate alten Vizsla zusammen mit einer fünf Monate alten Dogge laufen zu lassen. Zwei Monate Unterschied sind in dem Alter viel. Außerdem ist die Dogge größer, stürmischer und hat ein komplett anderes Spielverhalten. Wenn's richtig mies läuft, wird Ihr Kleiner mehrfach von ihr über den Haufen gerannt und entwickelt eine Abneigung gegen größere Hunde. Desgleichen gilt für bestimmte Rassen. Ist beispielsweise ein Deutscher Jagdterrier in der Gruppe, kommt es sehr auf den Hund an, wie er sich verhält. Grundsätzlich unterscheidet sich das Spiel dieser von deutschen Jägern als Antwort auf die „verweichlichte Foxterrier-Zucht" entwickelten Rasse wie ein zivilisierter Shopping-Ausflug zu einem Raubzug der Wikinger.

Im Frühjahr wird beinahe jede Hundeschule genug Welpen haben, um entsprechende Gruppen zu bilden, zu anderen Jahreszeiten ist es vielleicht schwieriger, eine gute Gruppe zu finden. Aber glauben Sie mir: Es lohnt auch einen weiteren Weg, denn die Welpenzeit ist wichtig!

Je mehr der Welpe erlebt, desto sicherer wird er.

IMMER MIT DABEI — *Erziehung, Ausbildung und Beschäftigung*

ERZIEHUNG – DAS WICHTIGSTE THEMA

Die Erziehung des Hundes ist tatsächlich das wichtigste Thema, das Sie in den nächsten Jahren begleiten wird. Ein gut erzogener Vizsla ist ein wahr gewordener Traum: ein angenehmer, überall gerne gesehener Begleiter, unkompliziert im Alltag, und niemand hält einen für irre, weil man hilflos auf der Wiese herumbrüllt. Die Frage ist: Wo lernt er das? Durch Sie oder in der Hundeschule?

HUNDESCHULE: JA? NEIN? JEIN!

Hundeerziehung ist ein weites Feld, über das mittlerweile wohl mehr Bücher geschrieben wurden als über Kindererziehung. Wer heute einen Welpen kauft, ist von Ratgebern umringt. Hundeerziehung ist Thema, Hundeschulen gibt's allerorten, viele arbeiten nach irgendwelchen Erziehungssystemen, und spätestens wer in den Sozialen Medien nach Rat fragt, bekommt dort das volle Pfund Methoden und Meinungen.
Die Folge: Viele Hundebesitzer sind verunsichert und wissen nicht mehr, ob das, was sie tun, überhaupt richtig ist. Was darf man heute noch machen? Bin ich ein Tierquäler, wenn ich dem Welpen ein Halsband anlege? Geht's echt nur mit Leckerli?
In einer von der Agila Tierversicherung in Auftrag gegebenen Umfrage unter 793 Hundebesitzern kam heraus, dass 60 Prozent der Hundebesitzer nicht sicher waren, ihren Hund in jeder Situation kontrollieren zu können. Ganze 10 Prozent gestanden sogar ganz offen ein, dass ihre Hunde nicht erzogen seien und im Grunde total selbstständig durch die Welt laufen.

Die Umfrage stammt von 2011, bis heute aber hat sich wenig verändert. Tatsache ist, es gibt heute kaum noch einen gesellschaftlichen Konsens darüber, wie Erziehung und Ausbildung stattfinden sollen. Jeder, der heute einen Welpen anschafft, steht deshalb vor der gar nicht mal so leichten Aufgabe, sich als Hundeausbilder aus sich selbst heraus neu erfinden zu müssen.

Wenn's mit der Leine klappt, macht der Spaziergang Spaß.

Wird jeder Gassigang zum Kräftemessen, ist der Spaß bald vorbei.

Das ist nicht schlimm. Es kann ganz schön spannend sein, sich durch die einzelnen Erziehungsratgeber zu wühlen, herauszupicken, was für einen selbst funktioniert, und dabei gleichzeitig viel über Hunde und ihre Besitzer zu lernen. Das Problem: Bis man seinen eigenen Weg gefunden und für sich die Frage geklärt hat, ob ein Mensch überhaupt „der Alpha" für einen Hund sein kann, dauert es – und so lange können Sie mit der Erziehung nicht warten.

DESHALB HIER NUN EIN PAAR GRUNDSÄTZE, OHNE DIE ES NICHT GEHT

Erziehung ohne Führung ist nicht möglich. Die Alternative zur Führung hieße „Nicht-Erziehung" oder „Laisser-faire". Deshalb: Führen Sie! Das fällt manchen Menschen leicht, andere haben große Probleme damit – finden im Hund aber einen guten Trainingspartner.

Stellen Sie Regeln auf. Regeln und Strukturen sind in jeder Gruppe etwas vollkommen Natürliches. Menschen, die die Spielregeln kennen, bewegen sich in den jeweiligen Grenzen sicher und unbeschwert. Wer die Regeln nicht kennt, hat ständig Stress. Auch im Mensch-Hund-Team braucht es Regeln, die die Bedürfnisse beider Beteiligten berücksichtigen, dann aber auch eingehalten werden. Ob der, der die Regeln durchsetzt, „Alpha", „Leittier", „Rudelführer" oder schlicht „Frauchen" oder „Herrchen" heißt, das kann man später immer noch klären.

Erliegen Sie nicht der Bequemlichkeit! Es gibt einen sehr schönen Satz von einem sehr bekannten Hundetrainer: „Erziehung ist einfach, aber niemals simpel." Tatsächlich verlangt Erziehung viel Arbeit, vor allem an sich selbst. Denn nicht nur muss der Hundebesitzer eine Vorstellung davon entwickeln, wohin er will, er muss sich auf dem Weg dahin auch ständig selbst in Frage stellen. Konsequent sein, nicht schreien oder Klapse verteilen, das ist oft mühsam und verlangt viel Selbstbeherrschung und Geduld. Wer allerdings den Anspruch hat, über jemanden zu bestimmen, der sollte auch bereit sein, viel Zuwendung und Zeit zu investieren.

☞ WILLI – EIN BEISPIEL

Und nun: Kennen Sie Willi? Nein, natürlich nicht, es sei denn, Sie würden, wie er, zufällig in einem kleinen Dorf im südlichen Schleswig-Holstein leben. Willi ist ein Vizsla-Rüde. Sehr hübsch, jung, wild und mitunter überbordend. Also ein ganz normaler Vizsla. Er wird sehr geliebt. Seine Familie besteht aus vier älteren Kindern, einem Vater und der Mutter. Ursprünglich wollten sich vor allem der Vater und die ältere Tochter um Willi kümmern: Mit ihm zur Hundeschule gehen, später mit ihm zum Agility und Mantrailing. Das hat leider nicht geklappt. Warum nicht? Nun, die beiden hatten sehr unterschiedliche Vorstellungen davon, wie sie Willi erziehen wollen. Der in Erziehungsfragen eher traditionell denkende Vater hätte dem hündischen Rotzlöffel mitunter gerne ein paar hinter die Ohren gegeben, die Tochter nicht. Sie setzte, sehr modern, auf Motivation, „Leckerli" … – und irgendwo hatte sie dann auch noch das Schlagwort „Konsequenz" im Hinterkopf. Die Sache mit der Konsequenz aber hielt sie nicht durch. Das Ergebnis: Willi machte, was er wollte, gelernt hat er in den ersten Monaten – nun ja, eigentlich gar nichts, und Vater und Tochter lagen sich in den Haaren über die Frage, wie und ob überhaupt, man den neuen Familienzugang sanktionieren sollte.

Aus gesundheitlichen Gründen fiel der Vater als „Hundeerzieher" plötzlich aus. Die Mutter sprang ein, stellte fest, dass der Wildfang der Familie nicht mal anständig an der Leine laufen konnte, und befürchtete schnell, dass auch sie der Aufgabe, ihn zu erziehen, nicht gerecht werden würde. Also ging sie – im Grunde ja auch eine gute Entscheidung – in eine Hundeschule. Die Trainerin machte einen netten und verständigen Eindruck, nahm Willi an die Leine (bei ihr gehorchte er super), war offensichtlich kompetent und überdies auch sehr sympathisch.

Doch so richtig ging's nicht voran. Ob's an der Ausbilderin lag? Oder an dem hundepädagogischen Ausbildungssystem, was der Mutter auch ein wenig komisch vorkam? Oder lag's vielleicht auch ein wenig an der Kaffeeklatsch-Atmosphäre auf dem Hundeplatz und der Tatsache, dass so eine Hundeschule eben auch einen gewissen Freizeitwert besitzt? Alles möglich, eine Antwort hatte keiner. Jedenfalls klappte auch nach mehreren Wochen nichts, und freute sich die Mutter anfangs noch auf die gemeinsamen Ausflüge, verlor sie mehr und mehr die Freude daran. Denn Willi wurde zum Klassenclown der Hundeschule und seine Besitzerin zum Ziel derer, bei denen „Bei-Fuß-Gehen" zumindest auf dem Hundeplatz klappte. Tenor der Spötter: „Schaut mal, da ist wieder die mit dem schwierigen Vizsla."

Und dann passierte, was immer geschieht: Irgendwann riss der Mutter der Geduldsfaden, typischerweise in einem Moment, in dem Willi mal wieder so stark an der Leine zog, dass ihr die Schulter wehtat. Mitten in der Hundestunde zog sie – sehr zum Entsetzen der anderen Teilnehmer (bei denen übrigens auch nicht immer alles klappte) – dem Hund die Leine übers Hinterteil und schrie ihn an. Das Ende vom Lied: Beide flogen raus!

Kleinlaut und ein bisschen verzweifelt standen sie, ihr Mann und Willi ein paar Tage später bei uns auf dem Hof: „Sie haben doch auch Vizsla. Was sagen Sie?" Na ja, was sollte ich sagen? Erst mal gar nichts. Stattdessen tauschte ich Willis Flexileine (die sind in manchen Momenten praktisch, haben bei der Ausbildung aber nichts zu suchen) gegen eine normale Umhängeleine, klopfte mir einmal gegen den Oberschenkel, sagte aufmunternd „Fuß", und los ging's: Rechts herum, links herum, „Stopp!", „Sitz!" ... Klappte alles wie am Schnürchen, Willi wäre der Stolz jeder Hundeschule gewesen. Und woran lag's? Nun, das war kein Hexenwerk und sagt auch nichts darüber aus, ob ich ein guter Ausbilder bin oder nicht. Das war der „Trainereffekt".

Den **„Trainereffekt"** sehen Sie in jeder Hundeschule. Der Hundebesitzer kommt mit seinem Liebling zum ersten Mal aufs Gelände und erzählt dem Hundetrainer, dass es mit dem Leinelaufen noch nicht so gut klappt: Der Hund zieht, hüpft herum, Herrchen ist genervt. Der Trainer übernimmt daraufhin die Leine, geht ein paar Meter – und alles läuft wunderbar. Herrchen ist begeistert und vollkommen überzeugt, dass er hier etwas lernen kann, und meldet sich zur ersten Stunde.
Dabei ist es gar nicht sicher, ob er nach ein paar Stunden genauso ruhig und gelassen mit dem Hund an der Leine über die Wiese spaziert. Warum? Weil unsere Hunde in uns lesen wie in einem Buch. Mimik, Körperhaltung, Stimmlage – in Bruchteilen von Sekunden weiß unser Hund, wie wir heute so drauf sind, ob er uns ernst nehmen muss oder er mit all seinen Launen durchkommt.
Bei fremden Menschen brauchen sie für die Einschätzung ein paar Minuten, halten sich in der Zeit zurück und backen kleine Brötchen. Gut möglich, dass der Trainer, sollte er sich nicht durchsetzen, nach ein paar Tagen auch nicht mehr so ganz für voll genommen werden würde und einen hüpfenden Gummiball-Hund an der Leine hat.

Ihm geht's gut. Ob Sie ihn jetzt noch abrufen können?

Was ich damit sagen möchte: Hundeausbildung und -erziehung hat zunächst mal etwas mit uns selbst zu tun. Wenn es Ihnen im Grunde egal ist, ob Ihr Hund „Sitz!" macht, überträgt sich diese „Mir-doch-wurscht"-Einstellung auf den Hund, und er wird sich für die für ihn bequemste Lösung entscheiden. Wenn „Sitz" ihm gerade passt, wird er sich setzen, wenn nicht, dann eben nicht.
„Aber ich möchte meinen Vizsla nicht zwingen, er ist doch mein Freund ...". Das ist kein ausgedachter Satz. Es gibt eine ganze Reihe von Vizsla-Besitzern, die so denken. Denn Vizsla sind doch so sensibel ... Ja, stimmt, Vizsla sind, verglichen mit anderen Rassen, sehr sensibel und viele sind regelrechte Mimosen. Gleichzeitig aber sind sie

unglaubliche Opportunisten, die es ausgesprochen gern haben, wenn es nach ihrer Nase geht. Total charmant, aber auch sehr dickköpfig, und ziemlich oft kommen sie mit ihrer Masche auch ans Ziel. Das kann sehr nett sein, irgendwann aber nervt es. Und wenn man dann keinen Ausweg weiß, hat man echt ein Problem …

Ein Beispiel: In einem Vizsla-Forum suchte eine Dame unlängst dringend ein gebrauchtes „Cozy Cave". Das ist ein unter Vizsla-Freunden sehr beliebtes, wie eine Muschel geformtes Hundekörbchen. Kriecht der Hund hinein, liegt er in einer Höhle. Vizsla liegen tatsächlich gerne unter Decken.
Wie auch immer: Sie suchte die Kuschelhöhle, weil sie ihren Hund irgendwann ins Bett gelassen hatte und ihn jetzt nicht mehr rausbekam. Ihre Idee: „Wenn ich ihm ein Cozsy Cave schenke, geht er aus dem Bett, weil er die Höhle bequemer findet …"
Okay, Sie merken es wahrscheinlich schon selbst: In der Hundeschule, die die Dame vielleicht besucht hat, hat sie nicht gelernt, dass ein konsequentes „NEIN!" auch bei Hunden Wunder wirken kann. Man muss es halt nur durchsetzen, was Arbeit ist.
Daher: Bevor Sie sich für eine Hundeschule entscheiden, denken Sie darüber nach, wohin die Reise gehen soll und ob es da wirklich um Erziehung oder Freizeitgestaltung geht.

Stellen Sie sich einfach folgende Frage: Wollen Sie einer von den Hundebesitzern werden, die mit ihren Hunden unangeleint durch den Wald gehen, ohne dass da jemand aus der Reihe tanzt? Dann beginnt diese Reise mit einem laut zu sich selbst gesprochen „Ja, ich will!".

Frei bei Fuß, das ist die bequemste Art.

Ein guter Hundeführer hat zu Anfang vielleicht nicht unbedingt eine Idee, wie er ans Ziel kommt, aber er kann das Ziel zumindest definieren. Er weiß, dass viele kleine Schritte oftmals besser sind als ein paar große, und respektiert das Tempo seines Hundes. Es läuft eben nicht immer alles problemlos, na und? Wichtig ist, dass man dranbleibt und etwas tut. Und, ganz wichtig: Gute Hundeführer reflektieren sich auch mal selbst und lassen keine Ausreden und Entschuldigungen gelten. Wenn's mit dem Hund nicht wirklich klappt, wissen sie, dass daran in der Regel nicht der Hund schuld ist.

Willis Frauchen übt jetzt übrigens mit einer Gruppe vom Dackel-Verein. Das sind Leute, die es mit der Erziehung ernst meinen, und der Mitgliedsbeitrag ist weit günstiger als die Hundeschule. Außerdem: Dackel sind zwar klein und niedlich, von ihrem Wesen her aber „Hunde für Fortgeschrittene". Die lehren ihre Menschen, sich durchzusetzen. Und Willi macht gute Fortschritte. Prognose: sehr angenehmer Begleiter!

DREI TRICKS, DIE BEI IHREM HUND EINDRUCK MACHEN

Einer der wohl besten Führungsstile beim Hund ist die „von Liebe getragene Diktatur". Wer das draufhat, kann gegenüber seinem Hund auch mal autoritär auftreten, ohne Vertrauen einzubüßen.
Doch wie verhalten Sie sich freundlich, aber bestimmt, wenn der Hund Ihnen gegenüber einen Mangel an Respekt zeigt?

1. Schreiten Sie, statt nur zu gehen!

Körpersprache ist das äußere Bild einer inneren Haltung. Ein aufrechter, stolzer Gang gibt Selbstbewusstsein – und selbstbewusste Führer werden von Hunden immer respektiert.

2. Fassen Sie Ihren Hund an!

Menschliche Sprache ist nicht unbedingt die beste Art, mit unseren Hunden zu kommunizieren. Sie verstehen sie nämlich nicht wirklich, und sehr wahrscheinlich ist es ihnen auch ziemlich egal, was wir so vor uns hin brabbeln, wenn wir mit ihnen unterwegs sind. Aber: Jemanden anzufassen ist eine Geste, die Überlegenheit zeigt. Unterstreichen Sie Ihre ruhig, aber bestimmt ausgesprochenen Kommandos deshalb auch mal mit einer Berührung an der Schulter und lassen Ihren Hund buchstäblich fühlen, dass Sie da und präsent sind.

3. Überschreiten Sie ruhig mal eine Grenze!

Hunde haben, genau wie wir Menschen, alle eine ganz persönliche Grenze. Manche (Ihr Vizsla in der Regel eher nicht) wollen beispielsweise nicht überall berührt werden. Pfeifen Sie drauf und machen Sie es trotzdem. Sie tun dabei ja nichts Schlimmes, zeigen ihm aber, dass Sie sein „Rudel" anführen.

Nähe bei gleichzeitiger Autorität.

DAS THEMA BEISSHEMMUNG!

Gleich vorweg: Beißhemmung ist nicht angeboren, der Hund muss sie lernen! Wenn Sie Ihren Welpen abholen, ist er gerade in die Sozialisationsphase gekommen. Zu diesem Zeitpunkt seines Lebens muss er lernen, in der Hunde- und Menschenwelt zurechtzukommen. Wenn Sie Welpen beim Spiel beobachten, werden Sie sehen, dass die nicht unbedingt sanft miteinander umgehen. Da wird geknufft, gebalgt und gebissen. Und das Spiel kann stundenlang gehen.
Nun ist der Hund bei Ihnen und hat, wenn der Züchter nicht schon was getan hat, natürlich keine Ahnung, wie er sich Menschen gegenüber verhalten soll.
Also wird er irgendwann sein altes Spiel „Raufen-Kloppen-Beißen" wiederauf-

Wer seinen Hund führt, braucht im Grunde keine Leine.

Dabei sein und die Welt ist in Ordnung.

nehmen, und weil da keine anderen Hunde sind, „spielt" er mit Ihnen.
Lassen Sie sich das nicht gefallen!
Machen Sie unmissverständlich klar, dass jetzt Schluss ist, zum Beispiel durch ein lautes „Nein!" oder „Aua!" Warum? Aus seiner Zeit in der Welpenbox weiß Ihr Vizsla, dass seine Geschwister, wenn es wild wurde, gedroht haben, bevor es körperliche Gegenwehr gab. Werden Sie laut, weiß er, dass es danach unangenehm für ihn werden kann.

Ein Beispiel: Eine Familie, Vater, Mutter, zwei kleine Töchter, bekommt einen jungen Vizsla. Alles läuft prima. Plötzlich aber beginnt der kleine Hund zu beißen. Er steigert sich da richtig rein, schnappt immer und immer wieder nach den vor ihm wedelnden Händen. Ein paar Tage geht das so, schließlich hat er zweimal täglich „seine fünf Minuten", und zwar immer, wenn er mit den Töchtern spielt bzw. sie mit ihm. Für ihn, den noch nicht sozialisierten Racker, sind ihre erschreckten hohen Schreie lustig, und wenn sie vor ihm wegspringen, macht es ihm gerade noch mal so viel Spaß. Warum sollte er aufhören? Mit seinen Geschwistern ging das doch auch immer …

Also schreiten Sie bitte ein! Wenn Ihr Vizsla beim Spielen zwickt, sagen Sie energisch „Nein!", brechen das Spiel sofort ab und gehen weg. „Aber Vizsla sind doch so sensibel …", heißt es dann mitunter. Ja, stimmt, sie sind sensibel, aber das ist kein Freifahrschein für schlechtes Benehmen. Zeigen Sie Reaktion! Die gute Nachricht: Das ist eine ganz normale Phase, die tatsächlich auch sehr schnell wieder vorbeigeht!

Achtung, so eine Rauferei kann leicht eskalieren.

DER ZAHNWECHSEL UND WIE SIE IHN UNTERSTÜTZEN

Um die 16. Woche herum beginnt das Erwachsenengebiss Ihres Welpen zu schieben. Als Besitzer bekommt man sehr häufig kaum etwas davon mit, weil der Welpe die herausgeschobenen Milchzähne meist verschluckt. Ingesamt dauert es etwa zwei Monate, bis alle 28 Welpenzähne ausgefallen sind und das endgültige, 42 Zähne umfassende Gebiss ausgebildet ist.

Zahnwechsel tut weh: Ihr Welpe wird in der Zeit nicht nur immer wieder mal leichte Zahnschmerzen, sondern auch Durchfall und Fieber haben. Manche Hunde wollen nicht mehr fressen, andere beginnen an allen möglichen Gegenständen herumzukauen. Geben Sie ihm in dieser Zeit Kauspielzeug aus Naturkautschuk. Im Fachhandel finden Sie eine große Auswahl. Zerrspiele sollten Sie in dieser Zeit übrigens vermeiden.

Um die 24. Woche herum sollte schließlich auch der letzte Zahn seines Dauergebisses durchgebrochen sein. Schauen Sie ihm bis zu diesem Zeitpunkt häufiger ins Maul. Der Grund: Wenn einer der Milchzähne hartnäckig ist und keinen Platz macht, kann das zu einer Fehlstellung führen. So ein „persistierender Milchzahn" muss vom Tierarzt gezogen werden.

PUBERTÄT: JETZT WIRD'S (LEIDER) WILD!

Wann ein Hund in die Pupertät kommt, hängt sehr von seiner Größe ab. Als Faustregel gilt: große Rassen später, kleine früher. Aus der Erfahrung heraus sage ich mal:
Um den siebten Monat herum kommt Ihr Vizsla in die Pubertät. Die schlechte Nachricht: Jetzt ist erst mal „Schluss mit folgsam". Die gute Nachricht: Das geht vorbei.

Wie Sie merken, dass es losgeht? Nun, sein Körper produziert immer mehr Sexualhormone. Rüden beginnen damit, Samenzellen zu bilden, das Interesse an Hündinnen wächst. Wenn Ihr Vizsla also erste Paarungsversuche unternimmt und begonnen hat, sein Revier zu markieren, dann wissen Sie: „Jetzt ist es so weit."

Die Pubertät ist eine zuweilen nervige, aber auch nicht ganz ungefährliche Phase. Nervig ist sie, weil alles, was vorher so gut klappte, nun offenbar nicht mehr geht. Ähnlich wie bei Kindern wird das Gehirn zur Baustelle, in der ständig neue Nervenzellen gebildet und verschaltet werden. So gut Ihr Vizsla vorher „freiwillig" hörte, so schlecht klappt das jetzt. Waren Sie vorher als Besitzer eine Respektsperson, interessiert er sich jetzt gar nicht mehr für Sie. Kurz: Wenn man nicht weiß, was gerade los ist, kann man so einem Hund schnell überdrüssig werden, und tatsächlich landen viele Hunde (auch Vizsla) während der Pubertät im Tierheim oder werden in Kleinanzeigen weiterverkauft. Meist hat dann irgendwer in der Familie eine Hundehaarallergie entwickelt …

Problematisch ist die Pubertät, weil es nun offenbar auch körperlich keine Grenzen mehr gibt. Es wird umhergetollt und gespielt, was das Zeug hält – und das kann gefährlich sein, denn die Hunde sind bei Weitem noch nicht so stabil, wie sie aussehen. Das Skelett ist noch nicht ausgereift und kann bei Verletzungen oder ständiger Überlastung Schaden nehmen.

Die gute Nachricht lautet: Das ist nur eine Phase und mit Geduld und Konsequenz kann aus dem vierbeinigen Flegel schnell wieder ein braver Hund werden. Und spätestens mit einem Jahr ist die Phase auch vorbei.

Aber Achtung: Beobachten Sie Ihr „Pubertier" genau. Der Grund: In der Pubertät spielen die Hormone nämlich verrückt, das Gefühlsleben fährt Achterbahn, und plötzlich zeigen einige Hunde ein Verhalten, das sich der Besitzer gar nicht erklären kann. Eine Autotür knallt zu, und der Hund erschrickt fürchterlich. Ein Schuss fällt, und der zuvor immer schussfeste Vizsla rast los, um sich unter dem nächsten Auto zu verstecken. Auf dem Spaziergang kommt ein Pferd vorbei, Ihr Hund reagiert aggressiv.

Für diese **„Angstphasen"** gibt es keine wissenschaftliche Erklärungen. Dass es sie gibt, weiß man aus der Erfahrung unzähliger Hundebesitzer.

Wenn Sie so ein Verhalten feststellen, beobachten Sie es. Denn in dieser emotional instabilen Phase können sich auch allerlei Macken festsetzen. Im Normalfall kommt der Hund selbst darüber hinweg und gewinnt sein Selbstbewusstsein bald wieder. Sollte es allerdings länger andauern, wenden Sie sich an einen guten Hundetrainer. Techniken wie Gegenkonditionierung, bei der man die Situation mit Leckerbissen oder Streicheleinheiten angenehm macht, eine Verhaltenssubstitution, bei der man ihm ein für die Situation angebrachtes Verhalten beibringt und belohnt, oder eine – in schlimmeren Fällen – systematische Desensibilisierung, bei der man den Hund einem graduell stärker werdenden Reiz aussetzt und ihn dafür belohnt, entspannt zu bleiben, können helfen. Harsches Training, Bestrafung oder andere traumatische Erfahrungen sollen dem Hund erspart bleiben. Sie können Ängstlichkeit, Aggressivität und Emotionalität bleibend beeinflussen. Kopf hoch, das ist nur eine Übergangszeit. Sie geht vorbei!

Sitz-Platz-Training auf dem Spaziergang.

Wenn er nicht mag, zwingen Sie ihn nicht. Pubertät ist nur eine Phase.

Wer einen Rüden hat, muss irgendwann einen Standpunkt zum Thema Kastration finden.

☞ SOLL DER HUND **KASTRIERT** WERDEN?

Spätestens wenn der Rüde das Bein hebt und gegen das Büffet pinkelt, kommt plötzlich der Gedanke auf: „Kann man den Kerl nicht kastrieren lassen?"

Kastration galt früher als das Allheilmittel gegen allerlei Unannehmlichkeiten: Aggressive Rüden sollten friedlich, triebige Hunde gemütlich werden. Das Markieren sollte aufhören etc. Bei Hündinnen wollte man das Risiko von Gesäugetumoren und Gebärmutterentzündungen senken. Grundsätzlicher Tenor: Kann man machen, schadet nicht!

Nun, das stimmt wohl so nicht. Seitens der Forschung ist man mittlerweile der Ansicht, dass es doch schadet. Jüngere Studien zeigen, dass zwar das Risiko von Gebärmutterkrebs und Gesäugetumoren sinkt, die Gefahr, Milz- oder Knochentumore zu bekommen, sich aber drastisch erhöht.

Eine Kastration vor dem Erreichen der Endgröße soll überdies das Risiko eines Kreuzbandrisses, HD und ED begünstigen …

Treffen Sie die Entscheidung einer Kastration nicht leichtfertig – und lassen Sie sich von Ihrem Tierarzt beraten.

Letztlich hängt die Entscheidung über die Kastration sowieso vom Urteil des Tierarztes ab. Rein rechtlich nämlich gilt die Kastration als Amputation und ist ohne medizinische Indikation verboten. Und wenn ein Veterinär „nein" sagt, ist das so.

„Aber ich will, dass das gemacht wird! Es gibt ja schließlich noch andere Tierärzte!"

Stimmt, gibt es, aber auch die werden einer grundlosen Kastration kaum zustimmen. Denn am 1. August 2002 nahm der Gesetzgeber den Tierschutz als Staatsziel ins Grundgesetz auf. Das bedeutet: wer dagegen verstößt, riskiert drakonische Strafen. Wenn Ihr Vizsla also die Nachbarshündin gedeckt hat, achten Sie besser auf ihn. Und wenn Sie glauben, kastriert würde er weniger raufen, hilft meist ein guter Hundetrainer.

BESCHÄFTIGUNG FÜR DEN VIZSLA

„Ein Vizsla ist nur beim Jagen glücklich!" Schöner Satz, nicht wahr? Züchtern jagdlicher Linien dient er in der Regel als Argument, um Nichtjäger am Telefon abzuwimmeln, und Nichtjäger regen sich regelmäßig über ihn auf, weil sie sagen: „Ist doch Quatsch!"

Und ja!, stimmt, der Satz ist Quatsch – zumindest heute. Früher hat er mal gestimmt: Denn Rassen sind für einen bestimmten Zweck „entwickelt" worden: Jagen, Aufpassen, Hüten. Dieser Job steckt ihnen tief in den Genen, und Hunde, die ihre Anlagen nicht ausleben können, werden tatsächlich unglücklich. Nun lässt sich Jagdverhalten – anders als der Schutztrieb oder der Hütetrieb – aber recht leicht kanalisieren, also umlenken. Deshalb eignen sich Jagdhunderassen so gut als Familienhund: Man kann sie durch alle möglichen Beschäftigungen komplett auslasten. Obedience, Agility, Laufen, Fahrradfahren – das Angebot ist groß und Hundevereine stellen eine Menge auf die Beine, um Mitglieder zu gewinnen.

Die Gesellschaft hat Hunden in den vergangenen Jahren einen anderen Stellenwert eingeräumt. War er vor nicht allzu langer Zeit noch „der Hund", ist er heute Sozialpartner. Hieß es früher „der Hund muss raus!", bedeutete das, dass jemand die Terrassentür aufmachen soll. Hätte man vor fünfundzwanzig Jahren einen Vortrag zur „Frust- und Impulskontrolle" angeboten, hätte wohl kein Hundebesitzer gewusst, was das ist. Heute reicht ein Aufruf auf Facebook und die Bude ist voll!

Rund um den Hund ist eine riesige Freizeitindustrie entstanden. Hundetrainer gab's früher fast nur im Ehrenamt. Heute ist es für viele ein Traumberuf, Hundeschulen schießen wie die Pilze aus dem Boden und heute gibt es über Hundeerziehung mindestens genauso viele Bücher wie über Kinderpädagogik. Der VDH vermeldet regelmäßig Ausstellungsrekorde und die Seminarszene boomt. Es gibt mehr als ein Dutzend teils wirklich anspruchsvoller Hundesportarten, in denen sogar Weltmeisterschaften ausgetragen werden. Anbieter für Reisen mit Hund, Hundesportvereine, Hundeschulen ... Kurz: Möglichkeiten gibt es viele, und den eigenen Hund geistig und körperlich auszulasten, gehört heute einfach zum Merkmal eines guten Hundebesitzers.

Jagdliches Training ist tatsächlich nur etwas für Jäger.

AUSLASTUNG IST WICHTIG!

„Aber geht's denn nicht auch ohne?", werden sich manche jetzt fragen. Ohne Beschäftigung? Nein! Klar, wenn Sie einen Mops, einen Bolonka Zwetna oder einen anderen Gesellschaftshund haben, reicht ein kleiner Spaziergang. Wer einen Vizsla hat, muss etwas tun. Denn ein körperlich und geistig nicht ausgelasteter Vizsla ist keine Freude: Unterforderung ist Gift, und wer ihn nicht auslastet, darf sich auch nicht wundern, wenn er sich selbst einen Job sucht. Vom Umgraben des Gartens über das Annagen des Wohnungsmobiliars bis hin zur Bösartigkeit gegenüber Menschen und Tieren ist alles möglich. Die gute Nachricht: Niemand muss in einen Hundeverein eintreten oder über den Agiltiyparcours hetzen. Oft reicht es schon, den Hund gut zu erziehen und ihn dann in sein Leben einzubinden. Im Büro unterm Tisch zu liegen, die Fahrradtour zum Bäcker, der Familienausflug zum Strand oder der Besuch mit den Kindern auf dem Ponyhof… Dabei sein ist für einen Vizsla alles. Nichts findet er großartiger, als „seine Menschen" zu begleiten.

Einzige Grundbedingung: Sie müssen ihn anständig erziehen. Dann sind Vizsla großartige Begleiter. Stellen Sie sich vor, Sie gehen in die Stadt zum Shoppen: Sie betreten einen Laden, legen Ihren Hund ab und er wartet geduldig, wenn Sie in der Umkleidekabine verschwinden, und ist auch noch da, wenn Sie wieder herauskommen. Jede Wette: Vom Ladenpersonal bekommen Sie dafür nicht nur bewundernde Blicke und entsprechende Komplimente, Sie schlagen auch jede Mutter aus dem Feld, die ihr sechsjähriges Kind mit dem Handy in der Hand auf die Bank setzt, damit es nicht im Laden tobt. Dafür lohnt ein bisschen Mühe doch, oder?

Jeder Hund trägt gerne Gegenstände heran…

DER HYPERAKTIVE VIZSLA!

Sportlich, lebendig, lebhaft, dynamisch, feurig, energiegeladen – es gibt viele positiv belegte Adjektive, die zur Wesensbeschreibung des Vizsla passen. Leider gibt es auch andere: Nervös, zappelig und unsicher sind drei davon. Jäger würden abfällig sagen: „Nicht wesensfest!"

Alle Vizsla über einen Kamm zu scheren, ist sicherlich falsch, tatsächlich aber kennt fast jeder Vizsla-Besitzer zumindest einen anderen Vizsla, der vor Energie strotzt, im Park wie verrückt hinter dem Ball herrennt und später auch kaum zur Ruhe zu bekommen ist. Immer ein wenig hippelig, immer bereit, sofort aufzuspringen.

Nun, für diese „Wesensschwäche" kann es verschiedene Gründe geben, und Sie sollten sie alle kennen. Mitunter ist das Problem nämlich selbstgemacht.

... und wer das fördert und mitspielt ...

... steigt später vielleicht in den Dummysport ein.

GENETIK

Man weiß heute, dass Ängstlichkeit, Nervosität und Hyperaktivität auch genetisch bedingt sein können. Das ist einer der Gründe, warum man beim Züchter auch mal einen Blick auf die Mutterhündin werfen und zumindest ein paar Informationen über den Vater erfragen sollte. Denn ein guter Vizsla ist ein ruhiger und gelassener Vizsla.

EINE NICHT GANZ ENTSPANNTE TRAGZEIT

Stellen Sie sich eine tragende, auf der Straße lebende Hündin vor. Ständig wird sie verscheucht, nie hat sie Ruhe, das aus Mülleimern gezogene Fressen muss sie täglich gegen andere Hunde verteidigen. Diese Hündin steht ständig unter Stress. Bei Stress schüttet der Körper Hormone aus und in denen „badet" der Embryo bereits im Mutterleib.

Nun muss sicherlich kaum ein Vizsla in Deutschland während der Tragzeit ums Überleben kämpfen, schlechte Zuchtbedingungen aber verursachen auch Stress! Das ist übrigens einer der Gründe, warum in Osteuropa (und leider auch in Deutschland) vermehrte Hunde nicht so oft zum Traumhund heranwachsen. Denn da ist der Hund Handelsgut und die Spanne umso größer, je weniger der Vermehrer sich um Gesundheit und gute Zuchtbedingungen schert. Daher: Wenn Sie zum Züchter gehen, schauen Sie nicht nur auf den Hof, das Haus und die Umgebung, in der Ihr Welpe aufwächst, sondern auch auf den Züchter und die Züchterin. Sieben, acht oder neun Welpen großzuziehen ist für eine Hündin Schwerstarbeit, und ein guter Züchter kann neben dem Putzen und Füttern eine Menge machen, um ihr die Zeit mit den Welpen zu erleichtern und Stress gar nicht erst aufkommen zu lassen.

Ein ruhiger, ausgeglichener Vizsla ist eine Bereicherung.

MANGELNDE BESCHÄFTIGUNG

Körperliche und geistige Auslastung ist für jeden Hund wichtig. Nicht beschäftigte Hunde sind unausgeglichen und werden irgendwann immer unangenehm. Zunächst graben sie vielleicht nur Ihren Garten um und nagen die Möbel an, irgendwann aber wird der Druck größer und die Hunde werden zappelig. Steuern Sie rechtzeitig dagegen, denn eine durch Bewegungsmangel entstandene Hyperaktivität macht jeden Spaziergang zum Büßergang, von dem man sich wünscht, es wäre nicht so weit gekommen. Hyperaktive Hunde sind nicht nur unangenehm, sie gehorchen auch nicht und bringen dadurch sich und ihre Besitzer oft in schwierige oder gar gefährliche Situationen.

ZU VIEL BESCHÄFTIGUNG

Weil der Vizsla so sportlich ist, denken manche Neubesitzer: „So, nun muss ich ihm auch etwas bieten!“ Das führt mitunter zu einem ziemlich ausgefeilten Trainings- und Beschäftigungsplan, in dem nur eines fehlt: genügend lange Pausen und Ruhezeiten. Natürlich hat kaum ein Vizsla ein Problem, 25 Kilometer neben dem Fahrrad zu laufen. Aber er muss das ja nicht jeden Tag machen, nur um anschließend noch eine Stunde Dog-Dancing einzuschieben oder zum Agilitytraining gefahren zu werden.

Ähnlich wie bei einem gut trainierten Jogger, so steigt auch bei einem Hund der Bewegungsdrang mit dem Training. Deshalb ist der immer gut gemeinte Rat, hippelige Hunde sportlich mehr auszulasten, sehr oft ein Bärendienst. Körperlich unruhige Hunde werden durch noch mehr körperliche Bewegung oft noch hippeliger. Daher: „Lehren“ Sie Ihren Hund Ruhe. Ginge es nach ihm, würde er täglich nämlich mehrere Stunden einfach nur liegen und dösen.

RUHE ERZEUGT RUHE

Machen Sie Yoga? Wenn ja, dann lassen Sie den Hund während Ihrer Yogasitzung einfach mal mit im Raum – aber beachten Sie ihn nicht. Hunde „koppeln“ sich. Die Vierbeiner übernehmen sehr schnell Stimmung und Erregungszustand der Besitzer. Anfangs wird Ihr Vizsla nicht wissen, was er mit sich anfangen soll, irgendwann werden Sie ihn mit Ihrer Ruhe anstecken, er wird sich hinlegen und schlafen.

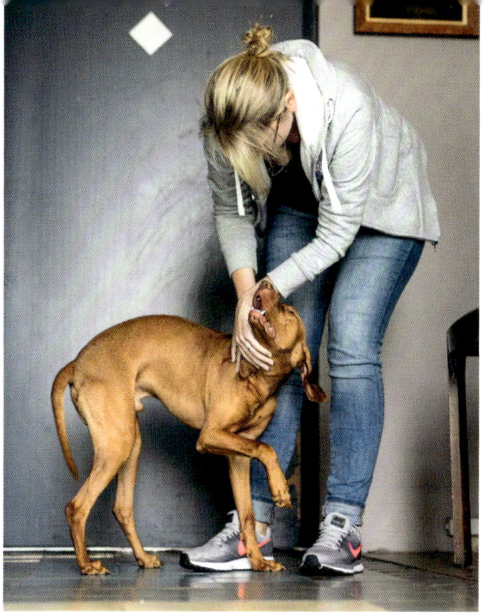

Nicht anspringen bei der Begrüßung.

EINE DER WICHTIGSTEN LEKTIONEN: RUHE UND NICHTSTUN!

Zappelige Hunde haben Konzentrationsschwierigkeiten und eine sehr geringe Frustrationstoleranz. Wieso? Nun, weil viele Hunde in den ersten Monaten nicht lernen, sich zurückzunehmen: angeleint neben ihrem Besitzer still an der Fußgängerampel zu warten, bis es grün ist. Still auf dem Rasen zu liegen, während Herrchen ein Buch auf der Bank liest. In der Boutique zu warten, während Frauchen in der Umkleidekabine Klamotten anprobiert. Beispiel aus der Arbeitswelt: Schäfer lassen ihre jungen Hunde die ersten Monate oft nur an der Leine. Damit sie lernen, sich zurückzunehmen. Hüten braucht man einem gut veranlagten Altdeutschen oder Border kaum beizubringen. Das liegt ihm im Blut. Zurückhaltung und Selbstbeherrschung muss er lernen, sonst kann man mit ihm nicht arbeiten.

Und hier gilt: „Was Hänschen nicht lernt, lernt Hans nimmermehr." Wer es gewohnt ist, seine Bedürfnisse (hinter einem Ball herjagen, jeden Passanten freudig anspringen, sofort zu jedem Hund auf der Wiese zu rennen ...) stets sofort erfüllen zu können, der bekommt enormen Stress, wenn er das mal nicht mehr darf, und lernt niemals, sich auf einzelne Dinge zu konzentrieren. Und trotz der vielen Hundeschulen ist es mit der Erziehung der Hunde offenbar nicht weit her. Weil Erziehung eben Arbeit bedeutet. Weil sie Konsequenz verlangt, der Hund den „Kampf um den größeren Dickkopf" gewonnen hat oder Herrchen und Frauchen „das wilde Temperament" ihres Lieblings lustig finden. Hand aufs Herz: Wären die Zahlen der Agila-Umfrage von 2011 (siehe Seite 71) heute anders? Eigentlich kennt doch jeder Hundebesitzer mindestens einen anderen Hundebesitzer, dem es im Grunde total egal ist, was sein Hund tut oder lässt ... Machen Sie das bitte nicht so: Stellen Sie Regeln auf, bremsen Sie Ihren Jungspund ruhig mal ein und vergessen Sie den Gedanken, dass Sie ihn in seiner freien Entfaltung hindern, wenn er im Café mal für eine halbe Stunde unterm Tisch liegen muss. Ganz im Gegenteil: Wenn Sie dieses „Abschalttraining" konsequent durchziehen, gewinnen Sie einen Begleiter, den Sie mit Freuden überall mit hinnehmen können. Das ist Freiheit!

Während des Essens nicht am Tisch herumlungern.

HIPPELIG DURCH FUTTER?

Wenn Ihr Hund mal ein ruhiger, gelassener Kerl war, der Sie fröhlich und unkompliziert durch den Alltag begleitet hat, plötzlich aber anfängt, sich wie ein aufgedrehter, rastloser Unhold zu benehmen, könnte ein Termin bei einem Tierarzt für Diätetik hilfreich sein. Zumindest in der Literatur nämlich werden Fälle beschrieben, bei denen Hunde zu viel pflanzliches Protein (Eiweiß) durch das Futter aufgenommen haben. Bei der Eiweißverdauung entsteht im Körper Ammoniak. Weil das ein ziemlich starkes Zellgift ist, wird es durchs Blut in die Leber geschickt und dort in harmlosen Harnstoff umgewandelt. Ist es aber zu viel, schafft die Leber es nicht mehr, das Ammoniak passiert die Blut-Hirn-Schranke und sorgt dort für Verhaltensänderungen.

„Voran Apport!". Immer der Hand nach hin zum Dummy.

DER VIZSLA ALS BEGLEITHUND

Ihren Vizsla zum Begleithund zu machen ist das wichtigste Projekt, das Sie sich vornehmen sollten. Denn ein guter Begleithund wird nicht geboren, er wird gemacht – und der Weg dahin wird Sie ziemlich beschäftigt halten: Ihr Vizsla muss anständig mit und ohne Leine laufen. Er braucht eine gute Umweltsicherheit, muss sich anderen Menschen gegenüber anständig verhalten, darf sich von ihnen nicht ablenken lassen oder gar ängstigen. Gehorsam ist wichtig, eine gute Sozialisation. Wenn Sie am Wald oder Feld wohnen und dort mit ihm spazieren gehen, muss er hinter Wild abrufbar sein … Sie merken, da kommt vieles zusammen. Hundeschulen bieten Begleithundekurse an, an deren Ende eine Prüfung steht. Aber wie bei Prüfungen eben immer: Zunächst denkt man, wenn die bestanden ist, hat man's geschafft, tatsächlich aber geht's hinterher meist erst los. Sie verleihen ihm den Feinschliff – und ich verspreche Ihnen, Sie werden Spaß haben. Denn ein gut ausgebildeter Vizsla ist als Begleiter ein wirklicher Gewinn für das Leben.

Und egal, ob Sie Ihren Vizsla jagdlich führen, mit ihm außerdem noch Agility machen oder sich dem Dummysport verschreiben – zum Begleithund sollten Sie ihn immer ausbilden!

DUMMYSPORT

Der Dummysport kommt, wie viele andere Hundesportarten auch, aus England. Er ist die Domäne der Retriever, aber es gibt auch viele Vizsla-Leute, die sich ihm verschrieben haben.

Im Grunde ist es die fantasievolle Ausgestaltung eines Apportiertrainings der englischen Jäger. Sie ließen ihre Hunde kleine, mit Sand gefüllte Leinensäcke apportieren,

Brav aufgenommen und auf direktem Weg zu Herrchen.

Vorsitzen und anschließend ausgeben. Job erledigt!

So einem Vizsla kann man ruhig zeigen, wenn man sich freut.

sogenannte Dummys. Im Laufe der Jahre ist daraus ein ziemlich anspruchsvoller Sport geworden, bei dem jagdliche Szenen nachgestellt werden. Es gibt – bis hin zur Weltmeisterschaft – sogar eine Menge Wettbewerbe, die meist an sehr schönen Orten stattfinden. In Schleswig-Holstein (da komme ich her) sind es zum Beispiel gerne die Ländereien rund um alte Gutshöfe.

AGILITY

Agility ist ein fantastischer Sport für Mensch und Hund. Da ist alles drin, was man sich wünschen kann: Action, Spannung, Kommunikation, Beziehung. Den Parcours meistert man nur als Team, muss vorher eine Menge trainieren, hat aber auch jede Menge Spaß.

Ist die Zielperson hier entlanggelaufen? Beim Mantrailing werden Duftmoleküle erschnüffelt.

Ein kleines „Achtung“ aber ist angebracht: Agility wurde 1977 von einem der Mitorganisatoren der „Crufts“, der alljährlich in Birmingham stattfindenden, größten Hundeausstellung der Welt, als Pausenprogramm erfunden. Der Mann war Reiter, für ihn lag es also nahe, einen Springparcours für Hunde aufzubauen. Die Zuschauer waren begeistert und der Hindernisparcours wurde zum festen Bestandteil der Show.

Und dann wurde Hundesport zum Massenphänomen – und Agility zum Leistungssport. Sagte man vorher „Hey, das ist eine gute Methode, meinen Hund zu beschäftigen“, gab es plötzlich Hundesportler, die sich spezielle Rassen zulegten, damit sie beim Agility erfolgreich werden konnten. Vizsla gehören nicht dazu! Sie haben zwar jede Menge Spaß, durch die Tunnel zur rennen, über Hürden zu fliegen und zwischen den Stangen Slalom zu laufen, sind glückli-

Beim Pet-Trailing können die Hinweise auch an Pflanzen hängen …

… oder im Sand verborgen sein.

cherweise aber nicht triebig genug, um in den höheren Leistungsklassen vorne mitspielen zu können – und das ist gut so. Warum? Weil das Springen, abrupte Stoppen, der schnelle Spurt und die plötzlichen Richtungswechsel eine unglaubliche Belastung für Sehnen, Muskeln und Gelenke sind. Viele Hunde, die in den höheren Leistungsklassen starten, sind mit acht oder neun Jahren körperlich schwer angeschlagen. Daher: Wenn Sie mit Agiltiy anfangen, dann bitte erst, wenn das Skelett des jungen Hundes ausgehärtet ist, das ist ab einem Jahr der Fall. Und übertreiben Sie es nicht. Agility als Pausenprogramm ist für einen Vizsla vollkommen ausreichend. Man muss ja nicht nur Agility machen.

MANTRAILING/ PET-TRAILING

Nasenarbeit ist so ziemlich die erfüllendste Aufgabe, die Sie einem Jagdhund bieten können. Das ist genau „sein Ding", und Mantrailing macht's möglich. Mantrailing – das Wort setzt sich aus dem Englischen „man" für „Mensch" und „trail", also dem Verb für „verfolgen" zusammen – ist eine Personensuche, bei der die Hunde mal mit hoher, mal mit tiefer Nase die Geruchsspur eines Menschen verfolgen.

Das, was die Hunde dabei leisten, lässt einen oft nur staunen. Und man staunt oft auch darüber, wie schnell die Hunde lernen, ihre Nase zu gebrauchen, sich zu konzentrieren und „dranzubleiben". Nach einem „Trail" sind sie übrigens erst einmal total erschöpft und ausgepumpt, denn Nasenarbeit fordert stets den ganzen Hund.

Warum? Auf diese Frage antworte ich mit einer Gegenfrage: Haben Sie schon mal gehört, wie ein kleiner Kompressor fürs Auto anspringt? So ähnlich, nur leiser, klingt ein Hund, der seine Schnüffelarbeit aufnimmt. Bis zu 300 Mal pro Minute zieht er Luft ein und stößt sie wieder aus, um seine etwa 220 Millionen Riechzellen (der Mensch hat etwa fünf Millionen) mit Duftstoffen zu versorgen. Wie genau die Nase des Hundes funktioniert, ist wissenschaftlich noch nicht erwiesen. Man kennt die Anatomie, weiß aber noch nicht, wie der Hund die Gerüche im Gehirn verarbeitet und wie groß die olfaktorische Welt tatsächlich ist, in der er lebt. Fest aber steht, dass manchen Hunden beim Trailen einzelne vom Körper des Menschen heruntergefallene Hautschuppen reichen.

Schnüffeln ist so anstrengend, dass die Hunde der Drogenfahndung nach etwa zehn Minuten aus dem Einsatz genommen werden – und gute Mantrailer leisten nicht weniger.

Maintrailing ist nicht nur großartig, weil es den Hund auslastet, Sie arbeiten damit auch „in die Ruhe hinein". Aufgedrehte Hunde lernen sich zu konzentrieren und werden mit der Zeit ruhiger und ausgeglichener.
Es gibt außerdem eine fantastische „Unterart" des Mantrailing, das „Pet-Trailing". Dabei werden statt Menschen Haustiere gesucht. Im Training die Tiere der Gruppenmitglieder, im Ernstfall meist weggelaufene Hunde. Und die Leistungen, die diese Hunde vollbringen ist gewaltig: Der Hund bekommt eine Geruchsprobe des zu suchenden Haustiers (z. B. das Körbchen, Halsband oder das Spielzeug) und folgt der Geruchsspur, die das Tier auf seinem Weg hinterlassen hat. Während der Suche differenziert der Hund all die Gerüche, die er aufnimmt, d. h. er unterscheidet, welcher Spur er folgen muss, um das gesuchte Tier zu finden.

Wer joggt, findet im Vizsla einen perfekten Partner.

TURNIERHUNDESPORT

„Turnierhundesport" gehört zu den ältesten Mensch-Hund-Sportarten. Es gibt ihn seit 1978. Im VDH werden Turnierhundesportveranstaltungen entweder als „Leichtathletik mit Hund" oder als „Breitensport mit Hund" durchgeführt. Klingt langweilig, nicht wahr? Ist es aber gar nicht. Wer die Spitzenteams schon einmal auf Deutschen Meisterschaften erlebt hat, weiß, was „Rasanz auf vier Pfoten und zwei Beinen" bedeutet.
Es gibt verschiedene Klassen: Den Vierkampf in den Disziplinen Gehorsam, Hürden-, Slalom- und Hindernislauf. Geländeläufe über 2.000 und 5.000 Meter und einen „Combinations-Speed-Cup", bei dem Tempo, Gehorsam, Sozialverträglichkeit und Führigkeit verlangt wird. Kurz: Es ist ziemlich anspruchsvoll.
Erkundigen Sie sich mal nach Hundesportvereinen in Ihrer Nähe. Das Angebot an interessanten Sportarten ist groß und vielfältig!

RETTUNGSHUNDE-ARBEIT

Vizsla sind mittelgroß, sehr sportlich, ziemlich aufgeweckt, schnell im Kopf und nicht zu schwer. Kurz: Sie sind ideal für die Rettungshundearbeit. Dabei werden vermisste lebende oder auch tote Menschen vom Hund gesucht, (hoffentlich) gefunden und dem Hundeführer angezeigt.
Gearbeitet wird „auf der Fläche", in Trümmern, auf dem Wasser und in einzelnen Ländern auch im Lawinenfeld. Rettungshundearbeit wird in Deutschland zwar als Sport betrachtet, gute Teams aber müssen damit rechnen, auch im Ernstfall zu Hilfe gerufen zu werden. Beispielsweise, wenn ältere Personen vermisst werden oder Kinder sich verlaufen haben.

Hunde haben tatsächlich Freude am Ziehen. Doch Achtung: Wenn's wärmer wird, kommen sie schnell an ihre Grenzen. Deshalb ist Zughundesport nur etwas für die kühlen Temperaturen.

Ein Rettungshundeteam ist eine Einheit, alle müssen sich aufeinander verlassen können. Eine gute Beziehung zwischen Hund und Hundeführer/-in ist das „A und O", denn in Einsätzen kann es zu extremen Stresssituationen kommen, die man nur als eingespieltes Team meistert.

ZUGHUNDESPORT

Dass Hunde als Zugtiere eingesetzt werden, war früher gar nicht mal so unüblich. Warum auch nicht? Große Hunde sind kräftig, leicht zu führen und können die transportieren Waren auch gleich noch beschützen. Um 1900 gab es in Deutschland noch um die 150.000 Karrenhunde, mit denen Frauen und Kinder vom Land in die Stadt tingelten, um dort Waren zu verkaufen. Außerdem sind Hunde enorm ausdauernd. Beispiel: Beim alljährlichen in Alaska stattfindenden „Iditarod" müssen Schlittenhunde 1.850 Kilometer von Anchorage nach Nome laufen. Wie lange, glauben Sie, brauchen die schnellsten Gespanne? Neun Tage! Das sind rund 200 Kilometer am Tag, bei durchschnittlich minus 40 Grad, inklusive Ruhepausen. Fällt Ihnen ein Tier ein, das solche Leistungen erbringen kann? Nun, Ihr Vizsla wird sicherlich niemals ein Schlittenhund, Ziehen aber macht den meisten Spaß, denn sie sind lauffreudig und werden so körperlich vollkommen ausgelastet.

Es gibt verschiedene Möglichkeiten: Beim **Canicross** ist der Hund durch ein Zugseil, die sogenannte Jöringleine, und einen Führgürtel mit Ihnen verbunden, beim **Bikejöring** zieht er das Fahrrad, beim **Dogscooter** einen besser ausgerüsteten Tretroller und beim **DogTrike** einen dreirädrigen Trainingswagen, also eine kleine Kutsche.

IM ALLTAG
— *gemeinsam Spaß haben*

01

02

Schon mal Spaziergänger gesehen, die mit ihrem Hund so gar nichts gemein haben? Der eine trägt Kopfhörer und tippt auf dem Handy, der andere schleicht unbeachtet neben seinem Besitzer her ... Machen Sie so etwas nicht! Gemeinsam sind Spaziergänge viel schöner und neben der Auslastung tun Sie dabei auch viel für Bindung und Gehorsam. Alles, was Sie dafür brauchen, ist ein bisschen Fantasie und Spaß am Spiel. Über entwurzelte Bäume am Weg kann man balancieren, durch Betonrohre krabbeln. Überall kann ein Apportel versteckt werden, man kann auch über Holzstapel klettern ... Neben dem „Wald- und Wiesenagility" geht auch Gehorsam: Lassen Sie Ihren Vizsla Platz machen, er bleibt liegen, Sie gehen weiter, schließlich wird er abgerufen, dafür gibt's ein Leckerli, Lassen Sie ihn vor einem Geschäft brav warten. Auch an der Leine laufen muss nicht langweilig sein. Tempo- und Richtungswechsel, Slalom um ein paar Bäume herum etc. Es gibt so viele Möglichkeiten. Und der Vorteil: Wenn Sie etwas mit Ihrem Vizsla tun, machen Sie sich interessant – und das verbessert die Beziehung!

„Und wenn wir zu Hause sind?" Im Fachgeschäft gibt es Intelligenzspiele. Einziger Nachteil: Einmal gelöst, verlieren sie an Spannung. Alternativ gibt es Grundtricks wie „Slalom durch die Beine" oder einen Hindernisparcours im Garten. Trick-Dog, Dog-Dancing, Agility ... – viele Hundesportarten bieten Grundübungen, von denen man sich inspirieren lassen kann. Der Rest bleibt Ihrer Fantasie überlassen!

03

05

04

01 *Mit dem Fahrrad zum Bäcker oder in den Supermarkt, und der Hund kommt mit. Am Fahrrad laufen lernt er schnell. Tipp: Investieren Sie in einen „Springer", ein am Rad befestigtes Stahlrohr mit einer Zugfeder. Es gleicht ruckartiges Ziehen aus. Oder nehmen sie eine Bauchleine mit Ruckdämpfer. Und: Frühestens mit einem Jahr!*

02–03 *Man muss kein Jäger sein, um mit seinem Hund ans Wasser zu gehen oder auf der Wiese apportieren zu üben. Vizsla haben Spaß an solchen Übungen. In Büchern oder im Netz gibt es jede Menge Tipps, wie solche Ausflüge und Übungen abwechslungsreich gestaltet werden können.*

04 *Futterschleppen können auf jedem Spaziergang gelegt werden und sind der Einstieg in die Fährtenarbeit. Der Vorteil: Ihr Hund lernt, seine Nase zu benutzen und sich zu konzentrieren. Immerhin nimmt der Riechsinn mehr als zehn Prozent seines Gehirns ein.*

05 *Klettern, balancieren, eigene Grenzen überwinden. Oben drüber, unten drunter: Im Wald gibt's jede Menge Möglichkeiten. Neben dem Spaß wird ganz nebenbei auch das Selbstbewusstsein gestärkt.*

Immer am Mann: Der Vizsla ist kein „Fernaufklärer".

Bei uns ist der Vizsla ein „Generalist", seine Domäne aber ist die Niederwildjagd.

DER VIZSLA – ALS JAGDHUND

Kurz vorweg: Obwohl die meisten Vizsla in Deutschland reine Familienhunde sind, darf man nicht vergessen, dass sie als Jagdhunde nach Deutschland gekommen sind.

Dafür wurden sie einst „gemacht", und wenn man sie heute auf der Jagd sieht, kann man plötzlich verstehen, warum manche VUV-Mitglieder Jacken mit der Aufschrift „Geboren, um zu jagen!" tragen. Vizsla finden bei Jägern nicht ohne Grund immer mehr Freunde.

Es würde den Rahmen dieses Buches sprengen, hier zu versuchen, einen Leitfaden für die Jagdhundeausbildung unterzubringen. Denn einen Hund gut auszubilden, das ist nichts, was man „mal so nebenbei" macht. Wer im Herbst seines zweiten „Vizsla -Jahres" (also wenn der Hund etwa 1,5 Jahre alt ist) zu einer HZP (Herbstzuchtprüfung) und später auch zur VGP (Verbandsgebrauchsprüfung) antritt, hat emotional etliche Höhen und Tiefen hinter sich, ist Tausende von Kilometern gefahren, hat viel Geld ausgegeben und jede Menge Freizeit geopfert. Aber er hat auch Abenteuer bestanden, viel über sich, Hunde und andere Menschen gelernt, Freunde gefunden und jede Menge Spaß gehabt. An dieser Stelle deshalb nur ein paar nüchterne Tipps für einen guten Start:

PAPIERE

Wenn Sie sich nach einem Züchter umschauen, achten Sie darauf, dass Ihr zukünftiger Hund FCI-Papiere hat. Kaufen Sie in Deutschland einen Vizsla, sind das nur die Hunde vom Verein Ungarischer Vorstehhunde (VUV). Deren Ahnentafeln tragen die rote Raute des VDH (Verein des Deutschen Hundewesens), die blaue Weltkugel der FCI (Fédération Cynologique Internationale) und den „Sperlings-Hund" des JGHV, des deutschen Jagdgebrauchshundeverbands. Kaufen Sie den Hund im Ausland, achten Sie darauf, dass der Züchter in einem von der FCI anerkannten Verband züchtet. Sie können die FCI-Mitgliedsverbände auf der FCI-Website nachschauen. (www.fci.be)

Und was, wenn Ihr Hund Papiere eines anderen Vereins hat? Dann können Sie nicht an den für die Zucht und Wertsteigerung des Hundes wichtigen Verbandsprüfungen teilnehmen. Sie können lediglich die Brauchbarkeitsprüfung, also die gesetzlich vorgeschriebene Prüfung ablegen, das war's dann aber auch.

AUSBILDUNG

Jagdhundeausbildung, das war früher eine mitunter ziemlich ruppige Angelegenheit. Zwang war eher die Regel denn Ausnahme, der Umgang rüde. Das darf nicht verwundern: Viele Jäger erinnern sich noch heute lieber an Großvaters Geschichten, als aus Büchern zu lernen. Außerdem wusste man einfach zu wenig über das Lernverhalten von Hunden und auch wenig über Hunde generell. Denn auch die Wissenschaft hat den Hund erst spät „entdeckt". Doch jetzt kommt die gute Nachricht: Das ist heute alles nicht mehr so! Nur mit Leckerlis geht's zwar nicht immer, aber die Zeiten von angespitzter Stachelhalsung, „Strafschuss" und „Schulterwurf" sind tatsächlich vorüber.

Grundsätzlich haben Sie zwei Möglichkeiten, Ihren Vizsla zum Jagdhund zu machen. **Möglichkeit eins:** Sie lassen ihn ausbilden. Es gibt eine stetig wachsende Ausbilderszene, die Sie ansprechen können. **Möglichkeit zwei:** Sie bilden ihn selbst aus – und diesen Weg gehen die meisten Vizsla-Besitzer, da man während der Ausbildung nicht nur mit dem Hund zum Team zusammenwächst, sondern auch eine Menge lernt. Außerdem macht es mehr Spaß, sich nach erfolgreich bestandener Prüfung selbst auf die Schulter zu klopfen, als dem Ausbilder ein paar tausend Euro zu überweisen. Wer nach einer Prüfung jemals mit vor stolz geschwellter Brust das Urteil der Richter entgegengenommen hat, weiß, was ich meine.

„Bei Fuß!": Auch Jäger verbringen viel Zeit mit Sitz-Platz-Bleib-Übungen.

HIER EIN PAAR TIPPS, WIE SIE ANFANGEN

— Besorgen Sie sich Lektüre. Es gibt mittlerweile eine ganze Reihe von guten Büchern, mit deren Hilfe Sie das zunächst ungewohnte Vorhaben, einen Jagdhund auszubilden, angehen können, Schritt für Schritt.

— Da Jagdhundeausbildung aus Sicht der Behörden Jagd ist, brauchen Sie ein Revier, in dem Sie üben dürfen. Wer im Stadtpark eine Entenschleppe legt, riskiert nicht nur entsetzte Blicke anderer, sondern riskiert auch eine Anzeige wegen Wilderei.

— Surfen Sie auf die Internetseite des Vereins Ungarischer Vorstehunde (www.vuv-vizsla.de). Der Verein hat sogenannte Landesgruppen. Entweder organisieren die selbst Kurse, zumindest aber können sie Ihnen beim Finden eines Kurses behilflich sein. Schließlich hat jeder von ihnen seinen/ihren Hund auch mal durch die Prüfungen bekommen.

— Die Kreisjägerschaften sind angehalten, Hunde-Obleute zu stellen. Diese bieten sogenannte **„Hundeführer-Lehrgänge"** an. Nutzen Sie diese Möglichkeit. Selbst wenn Sie nebenher einen anderen Kurs besuchen, sind die Lehrgänge keine verschwendete Zeit. Denn dort üben Sie gemeinsam mit Hunden anderer Rassen, treffen andere Führer, können sich austauschen. Und: Das Üben in der Gruppe ist auch für Ihren Hund gut. Schließlich treffen Sie später auf der Jagd auch ständig fremde Hunde, mit denen er klarkommen muss. Außerdem kommen Sie über die Jägerschaft in Reviere, in die Sie sonst wahrscheinlich nicht kämen. Und spätestens wenn es ans Wasser geht, lohnt sich der Besuch. Denn gerade am Wasser braucht der Hund Abwechslung. Sehr gut vor-

Ja, klar, der Hund muss müssen, aber er muss auch wollen.

bereitete HZP-Hunde haben 15 bis 25 Teiche verschiedener Schwierigkeitsgrade kennengelernt.
- Surfen Sie auf der Internetseite des JGHV (www.jghv.de). Sie finden dort die Prüfungsordnungen, Formblätter und Artikel. So kommt man langsam rein in die Thematik.
- Die Anzahl der Jagdhundeschulen ist zwar noch überschaubar, aber die Trainerszene hat den Trend erkannt. In den Jungjägerkursen sitzen immer häufiger auch Hundetrainer, die in der Jagdhundeausbildung einen Markt sehen.

Müssen Hunde nur in Deutschland, macht aber Sinn: Vorsitzen.

PRÜFUNGEN

Grundsätzlich gibt es, neben den Leistungskennzeichen, vier Prüfungen, die Jagdhundeführer in Deutschland machen müssen bzw. können. Um Ihren Hund mit zur Jagd zu nehmen, brauchen Sie davon nur eine, nämlich die Brauchbarkeit.
Ihr Züchter wird Sie jedoch bitten, mit Ihrem Hund außerdem mindestens zwei der drei großen Verbandsprüfungen für Vorstehhunde abzulegen: die Jugendsuche (VJP) und die Herbstzuchtprüfung (HZP). Und wenn Sie dann noch durchhalten, die „Meisterprüfung“, die Verbandsgebrauchsprüfung (VGP). Warum möchte er das? Nun, er hat sich um die Verpaarung Gedanken gemacht, und die Prüfungen sind für ihn die einzige Möglichkeit zu sehen, ob er sein Zuchtziel auch erreicht hat. Natürlich hängen die Ergebnisse einer Prüfung stark am Führer (ein guter Führer kann einen schlechteren Hund besser machen, ein schlechter Führer einen guten Hund schlechter), aber die Tendenz wird klar. Außerdem sind die Daten der einzelnen auf der Prüfung abgelegten Fächer, genau wie die medizinischen Daten des Hundes, wichtig für die Zuchtstatistiken.

EIN PAAR WORTE ZU DEN PRÜFUNGEN

Deutschland hat, verglichen mit anderen europäischen Ländern wie England, Spanien und Frankreich, eine sehr kurze, aber extrem erfolgreiche „Jagdhundegeschichte“: Von den ersten Diskussionen darüber, wie ein deutscher Jagdhund eigentlich aussehen und was er alles können soll, bis heute sind gerade mal etwas mehr als 130 Jahre vergangen. Und die Hunde sind gut: Deutsch Drahthaar und Deutsch Kurzhaar sind bei Jägern in der ganzen Welt beliebt. So beliebt, dass sie mancherorts die heimischen Rassen sogar verdrängen.
Zum Erfolg der Hunde hat neben einem rigorosen Auswahlsystem (Hunde, die nicht die gewünschten Anlagen zeigten, wurden vom Reviergang mitunter gar nicht mehr mit zurückgebracht) auch das weltweit einmalige Prüfungssystem beigetragen. Kurz: Ein in Deutschland geprüfter Jagdhund hat eine sehr vielseitige, stabile Basis, um später auch im Revier ein in jeder Situation zuverlässiger Jagdhelfer zu sein.

Ältere Vizsla sind ein bisschen wie Wein: Sie werden besser!

Und auch als Senior gehören sie nicht zum alten Eisen.

Geprüft wird auf dem Feld, im Wald und am Wasser. Es geht schließlich um Vielseitigkeit. Vom Ablauf her sind eigentlich alle Prüfungen gleich: Sie melden sich über ein Formblatt des JGHV (www.jghv.de) bei der Prüfung an, bekommen im Anschluss eine Einladung nach Hause geschickt und treffen sich mit den anderen Prüfungsteilnehmern und den Richtern sehr früh am Morgen in einem „Suchen-Lokal". Dort legen Sie Ahnentafel, Jagdschein und Impfpass vor, werden in Gruppen eingeteilt – und dann heißt es: „Aufsitzen, ab geht's ins Revier!"

Und dort verbringen Sie dann den Tag, gemeinsam mit den anderen Prüflingen Ihrer Gruppe, drei Richtern und eventuell einem Revierführer.

Solche Prüfungen waren – wenn man den Erzählungen alter Hundeführer lauscht – früher zuweilen recht unerquickliche Veranstaltungen, bei denen man froh war, wenn man sie bestanden und eventuell sogar gut abgeschnitten hat. Das ist nicht mehr so. Heute ist der Ton freundlich, jeder „Erstlingsführer" bekommt vor der Übung genau erklärt, was von ihm und seinem Hund erwartet wird, jeder weiß jederzeit, woran er ist, und vor allem: Es wird „jagdlich" und FÜR den Hund gerichtet! Natürlich gibt es eine Prüfungsordnung (die Sie übrigens auf der Internetseite des JGHV herunterladen können), ein guter, erfahrener Richter aber weiß um seine Spielräume und kann – unabhängig von der gedruckten Prüfungsordnung – auch beurteilen, was er da sieht.

Ihre erste Prüfung …

… ist die sogenannte „Jugendsuche" (VJP). Sie findet im Frühjahr statt und Ihr Hund sollte da ungefähr ein Jahr alt sein. Es ist eine reine Anlagenprüfung. Das heißt: Die Richter möchten sehen, dass der Hund die richtigen Anlagen vererbt bekommen hat. Dass er vorstehen kann, weiß, wie er seine Nase benutzen muss, und dass er die Passion hat, die er zum Jagen braucht. Außerdem wird die Schussfestigkeit festgestellt und geschaut, wie führig Ihr Hund ist.

Wie können Sie dem Hund helfen, ein gutes Ergebnis zu erzielen? Im Grunde gar nicht. Die Prüfung zielt auf seine Anlagen ab, und die hat er … – oder er hat sie eben nicht.

Alles, was Sie tun können, geschieht in den Monaten vor der Prüfung: Bringen Sie ihn ins Revier und lassen Sie ihn da laufen. Er muss schnuppern, die Welt erkunden und Spaß an der Jagd entwickeln: die Sasse eines Hasen untersuchen, einen Fasan vorstehen, die Liegeplätze der Rehe untersuchen. Kurz: Er muss mit Ihnen zusammen Abenteuer erleben. Und wenn er einen Hasen hetzt … – sei's drum! Als erwachsener

Früh übt sich – und hoffentlich ist es warm: Wassergewöhnung mit Welpen.

Hund soll er das nicht, aber als Welpe darf er mal. Nicht zu oft, weil es später schwer wird, ihm das wieder abzugewöhnen. Aber wie soll er in der Prüfung eine Hasenspur arbeiten, wenn er zuvor nie einen Hasen geschnuppert oder gesehen hat?
Die Sache mit den freien Reviergängen bringt Sie übrigens in ein Dilemma, was Ihnen in der Jagdhundeausbildung immer wieder begegnen wird: Natürlich soll ein Jagdhund später gehorsam sein. Aber Sie müssen ihn anfangs auch mal laufen lassen. Gerade die sensiblen Vizsla neigen dazu, sich später nicht mehr von ihrem Führer zu lösen, wenn sie von Anfang an kurz gehalten werden. Und das ist nicht gut, denn schließlich soll der Hund später selbstständig arbeiten und einen kranken Hasen suchen oder auf der Nachsuche auch mal ein Reh hinunterziehen – und dabei ist er dann auch allein.

Ihre zweite Prüfung ...

... ist die Herbstzuchtprüfung (HZP).
Sie findet – nomen est omen – etwa sechs Monate nach der Jugendsuche im Herbst statt, und Sie können sie auch nur in diesem einen Jahr laufen. Eine „Alterszuchtprüfung" für alle die Hunde, die im Herbst des Vorjahres krank oder verletzt waren, gibt es bei den Vizsla nämlich nicht mehr.
Die HZP ist die wichtigste Prüfung, die Sie mit Ihrem Hund ablegen werden. Denn sie entscheidet unter anderem darüber, ob Ihr Hund das Potenzial zur Zuchthündin bzw. zum Zuchtrüden hat, weil sich hier zeigt, wie gut seine Anlagen wirklich sind. Bei der Jugendsuche ist ein grobes Bild darüber entstanden, was er für Anlagen hat, hier muss er jetzt zeigen, wie gut sie sind. Manche Fächer, wie Vorstehen und die Suche, kennen Sie bereits aus der Jugendsuche, andere Fächer kommen hinzu: So muss Ihr Vizsla beispielsweise 300 Meter lange Schleppen laufen, auf denen er Enten und Kaninchen apportieren und mit dem gefundenen Wild im Fang anständig vorsitzen soll, um Ihnen die Beute zu übergeben. Für alles gibt es Punkte: Die Art des Bringens wird beurteilt, der Gehorsam, die Führigkeit, die Arbeitsfreude. Am Wasser trennt sich die Spreu vom Weizen, denn da wird nicht nur deutlich, wie selbstständig und passioniert Ihr Hund ist, sondern auch, wie gut Sie als Ausbilder gearbeitet haben und wie gut Sie und Ihr Hund im Team arbeiten. Können Sie ihn in eine bestimmte Richtung schicken? Arbeitet er den ganzen Teich von alleine ab und scheut sich auch nicht, den dichten Schilfgürtel anzunehmen? Wie reagiert er, wenn die vor ihm schwimmende Ente plötzlich abtaucht? Bleibt er dran, verfolgt er ihre Schwimmspur oder stellt er die Arbeit ein, weil da ja nichts mehr ist?
Bei der HZP kommt einiges zusammen, und die Ausbildung wird Sie Zeit, Geld und Nerven kosten.

Ihre dritte Prüfung …

… ist die Brauchbarkeit (BP). Für alle, die sich entschieden haben, keine Verbandsprüfungen zu laufen, ist sie die erste.
Wer im Vorfeld bereits eine HZP gelaufen ist, der muss nun nur noch die „Gehorsamsfächer" der Brauchbarkeit machen: Leinenführigkeit, Laufen frei bei Fuß und Ablegen mit Schuss und Verhalten auf dem Stand. Der Grund: Die Übungen der Brauchbarkeit ähneln denen der HZP. Und wer da bereits die Schussfestigkeit bewiesen und eine tote Ente aus dem Wasser geholt hat, dem unterstellt man, dass man das nicht noch ein zweites Mal prüfen muss.
Für alle anderen gilt allerdings das volle Programm: Im Feld müssen Enten und Kaninchen apportiert, im Wasser verlorene Enten gesucht, verfolgt und gebracht werden. Die Schussfestigkeit wird geprüft …

Ein Hinweis: Obwohl viele Übungen der HZP und Brauchbarkeit vom Ablauf her gleich sind, so gibt es doch erhebliche Unterschiede in Sachen „Schwierigkeitsgrad" und „Anspruch der Richter". Das heißt aber nicht, dass einem die Brauchbarkeit geschenkt wird. So leicht ist sie nämlich auch nicht!

Übrigens: Anders als die Verbandsprüfungen der JGHV bestimmt bei der Brauchbarkeit das jeweilige Bundesland die Inhalte der Prüfung – und leider gibt es da keine Absprache. Das heißt: 16 Bundesländer, 16 Brauchbarkeitsprüfungen. So darf man in Schleswig-Holstein nach der BP1 noch keine Nachsuche auf Rehwild machen, weil „Schweiß" nicht Bestandteil der Prüfung ist. Dafür muss man erst eine zweite Prüfung, nämlich die BP2 bestehen. In Niedersachsen ist „Schweiß" Bestandteil der normalen „Jagdeignung" …
Wenn Sie interessiert, was Sie in Ihrem Land machen müssen, um Ihren Hund „brauchbar im Sinne des Gesetzes" zu machen, finden Sie die PO auf den Internetseiten des Landesjagdverbandes.

Ihre vierte Prüfung …

… ist die „Verbandsgebrauchsprüfung" (VGP): Wenn die HZP die „Gesellenprüfung" der Jagdhunde ist, dann ist die VGP die „Meisterprüfung" – und die hat es in sich. Sie dauert zwei Tage, geprüft und bewertet werden über 30 Fächer. Es gibt ein paar Ausschlussfächer (wer beim „Schweiß" durchfällt, kann nach Hause fahren, genau wie die Hundeführer, deren Hund den Fuchs nicht apportieren will), im Grunde aber hat man bis zur letzten Sekunde die Möglichkeit durchzufallen. Das ist „nicht ohne", und wenn ich eine persönliche Geschichte beisteuern darf: Ich habe mich nach dem letzten Fach meiner ersten bestandenen VGP zunächst mal auf den Boden gesetzt, meine Hündin in den Arm genommen und ein paar Minuten geheult.

Ein abschließendes Wort zu den Prüfungen:

Hundeprüfungen sind Momentaufnahmen. Natürlich sagen Sie etwas über die Qualität des Hundes aus, vor allem aber etwas über ihre Führer. Denn die Vorbereitung ist aufwendig, und wer „die ganze Sache mit dem Jagdhund" nicht wirklich will, wird es nicht schaffen. „Ganz von allein" läuft kein Hund. Aber: Ein guter Prüfungshund muss noch lange kein guter Jagdhund sein. „Doon lahrt!", sagte mir mal ein alter Hundeführer aus Niedersachsen, „Tun lehrt!" Und das stimmt. Die beste Schweißprüfung bringt nichts, wenn der Hund danach nicht zur Nachsuche kommt und Erfahrung macht. Der beste VGP-Hund bringt nichts, wenn er nicht auch mal gelernt hat, eine große Gans aus dem Wasser zu holen oder statt des Ka-

Mit etwa 10 Jahren beginnen Vizsla weiß zu werden. Ihre Passion verlieren sie nie!

ninchens auch den viel schwereren Hasen zu apportieren. Im Grunde ist es bei Jagdhunden genau wie bei uns Menschen: Die Prüfung ist nur die Vorbereitung, wer nach dem Studium nicht im Job arbeitet, ist nach kurzer Zeit raus, kann zwar noch schlau reden, mit wirklichen Praktikern aber nicht mithalten.

Und noch eine Bitte: Unter anderem auch bei den Vizsla hat sich in den vergangenen Jahren die Zahl der Führer und Führerinnen erhöht, die die Jagdhundeausbildung als Sport betrachten. Sie investieren viel Zeit, Geld und Mühe in die Ausbildung, erzielen auf den Prüfungen fantastische Ergebnisse, posten diese über die Sozialen Medien und kurbeln so einen unausgesprochenen Wettkampf an. Beispiel: Wer auf einer Jugendsuche in jedem Fach ein „Sehr gut!“ bekommt, liegt rechnerisch bei 70 Punkten. Wenn die Richter in einem oder zwei Fächern noch Extrapunkte verteilen, kommt man auf 72 oder 74. Nun gibt es Prüfungsfelder, da haben fast alle Hunde 70 Punkte und mehr. Was soll dann der Hundeführer denken, der „nur“ 65 Punkte hat? Er denkt: „Mein Hund ist nicht so gut“, ärgert sich und fühlt sich schlechter – und das ist ein Fehler! Die Mindestpunktzahl, die man für die Zulassung zur „Josef-Rauwolf-Prüfung“, der Zuchtzulassungsprüfung des Vereins Ungarischer Vorstehhunde, braucht, liegt bei 60 Punkten. Warum? Weil 60 Punkte ein sehr gutes Ergebnis ist! Kein Hund muss überall gut sein, kein Hund kann alles (auch wenn Hundeführer das mitunter behaupten)! Und 70, 72 oder gar 76 Punkte sind, was sie sind: ein sicherlich guter Hund, ganz gewiss aber perfekte Verhältnisse, euphorisch gelaunte Richter … und das gewisse Quäntchen „Suchenglück“ war gewiss auch dabei. Ist der Richter ein wenig strenger, sind die Umstände vielleicht nicht so perfekt oder haben Hund und/oder Führer einen nicht so guten Tag, werden es vielleicht „nur“ 60 oder gar 58. Na und?

Lassen Sie sich nicht von Punktezahlen irritieren. Wenn 60 das Ziel sind, reichen 60. Gute Hunde werden für die Jagd ausgebildet, nicht für die Prüfungen!

DAS TRAINING
— *mit der Reizangel*

01

02

03

Eine Reizangel, das ist im Grunde nur ein etwa zwei Meter langer Stock mit einem etwa gleichlangen Band dran, an dem wiederum irgendetwas hängt, das die Hunde interessant finden. Eine Enten- oder Fasanenschwinge zum Beispiel oder ein Flatterband. Man kann sie von rechts nach links schwingen, sich im Kreis drehen, den Hund an „die Beute" herankommen lassen, nur um sie ihm dann blitzschnell vor der Nase wegzuziehen. Oder er darf die Beute fangen und man lässt sie sich apportieren. Möglichkeiten gibt es jede Menge, und so einfach eine Reizangel zu bauen ist, so vielseitig ist sie: Bewegt man „das Ding" am Ende der Schnur, löst es das Jagdverhalten aus. Bewegt man es langsam, bekommt man Hunde schnell zum Vorstehen, bewegt man es schnell, fängt der Hund an zu hetzen. Dann könnte man zum Beispiel versuchen, ein Abbruchkommando zu trainieren. Früher haben eigentlich nur Jäger mit der Reizangel gearbeitet, heute wird das Training oft auch von Hundeschulen angeboten. Das Handling ist nicht schwer, dennoch sollten Sie die Chance nutzen und sich Tipps von einem guten Trainer holen, um ein wirklich zielführendes Übungsprogramm auf die Beine zu stellen. Man kann den Hund mit der Angel nämlich auch hochpeitschen, beispielsweise, indem man sich wie ein Irrer im Kreis dreht und so dafür sorgt, dass der Hund sich in die Hatz hineinsteigert. Das macht gar keinen Sinn …

04

05

01 *Der Welpe kommt ran, stutzt, ist ein wenig neugierig…*

02 *… und stürzt sich auf die Beute. Der Spieltrieb ist groß, der Bewegungsreiz höher als die Anlage.*

03–04 *Ein paar Mal hetzt er hinter der Beute her, bekommt sie aber nicht. Jetzt muss er sich, um Erfolg zu haben, wohl eine andere Jagdstrategie überlegen.*

05 *Die Anlage als Vorstehhund greift, der Welpe „steht". Nun gilt es ruhig zu bleiben, damit er nicht „einspringt", die Beute also doch noch greifen will. Die Anlage entwickelt sich mit dem Alter. Sehr gute, trainierte Hunde stehen minutenlang, ohne das Wild aufzuscheuchen, bis der Jäger da ist.*

FÜR EIN LANGES HUNDELEBEN
— Ernährung, Pflege und Gesundheitsvorsorge

ERNÄHRUNG

Etwas Grundsätzliches zum Thema Futter: Über nichts wird in der Hundeszene so häufig und leidenschaftlich diskutiert wie über die Frage: „Was fütterst du denn?"

Wahrscheinlich liegt es daran, dass Futter der einfachste Weg ist, sich einem Hund zu nähern und Sympathiepunkte zu sammeln. Je teurer und ausgefallener, desto besser fühlen wir uns.
Dabei muss es nicht immer das Teuerste sein: Wichtig bei einem Futter ist, dass der Hund es gut verträgt. Das teuerste Futter bringt nichts, wenn der Hund es nicht anständig verstoffwechselt. Und woran sehen Sie, dass er das kann? Wenn er gut aussieht: glänzendes Fell, klare Augen, kein unangenehmer Geruch und normal große Haufen. Die Größe des Kothaufens ist tatsächlich ein Kriterium. Denn auch wenn es albern klingt: Wenn Sie vorne viel reintun und hinten viel rauskommt, kann in der Mitte nicht viel hängen geblieben sein.

Sieht der Hund gut aus, ist das Futter richtig!

Merken Sie sich bitte: Ihr Hund sollte die Referenz für ein gutes Futter sein, nicht der Preis auf der Futtertüte! Hat er ein glänzendes Fell, klare Augen, ist vital und hat eine anständige Verdauung, ist das Futter richtig, auch wenn es vielleicht nicht das teuerste sein sollte.

DIE FÜTTERUNG DES WELPEN

Junge Hunde haben einen anderen Bedarf als erwachsene Hunde und brauchen deshalb eine angepasste Welpennahrung. In den ersten Lebensmonaten sind besonders Proteine wichtig, weil sie helfen, die Muskulatur aufzubauen. Außerdem braucht der Welpe für das Wachstum der Knochen und den Aufbau des Skeletts Kalzium und Phospor. Achtung: Die beiden Mineralien müssen im Verhältnis 1:1,2 bis 1:1,5 gefüttert werden. Eine falsche Versorgung kann zu Fehlstellungen und weichen Knochen führen. Spurenelemente und Vitamine sind wichtig. Zu wenig Kupfer oder Zink zum Beispiel kann zu Wachstumsstörungen in den Gelenken führen etc. Sie merken: Das Ganze ist einigermaßen kompliziert. Machen Sie es sich einfach und vertrauen Sie der Tierfutterindustrie. Die Standards sind hoch, man kann kaum etwas falsch machen.

Moderne Futtersysteme müssen in der Regel nach der achten Woche umgestellt werden. Sie können vom Züchter daher eine kleine Tüte des gewohnten Futters mitnehmen, im Grunde aber dient das nur dazu, es mit einem neuen Futter zu vermischen, um den Verdauungstrakt des Welpen nicht durch einen abrupten Futterwechsel zu irritieren. Und welches Futter nehmen Sie jetzt? Grundsätzlich gilt: Hunde haben sehr viel feinere Sinne als wir Menschen, der Geschmackssinn aber gehört nicht dazu. Sie haben einfach nicht so viele Geschmackspapillen auf der Zunge. Tatsächlich ist dem Hund relativ gleichgültig, wie irgendetwas schmeckt, solange es gut riecht. Hunde haben auf beiden Seiten der Nasenscheidewand winzige Einbuchtungen. Das ist das sogenannte Jacobson-Organ. Wenn dieses Organ „grünes Licht" gibt, beginnen spezielle Drüsen im Maul damit, Speichel zu produzieren. Der Kiefer klappt auf und der Hund schlingt alles runter. Deswegen kann es zwar Spaß machen, für den Hund Kekse zu backen oder besonders leckeres Futter zu kochen, das gute Gefühl aber haben nur Sie. Dem Hund ist das völlig egal.
Wie finden Sie denn jetzt ein gutes Welpenfutter? Mein Tipp: Nehmen Sie ein modernes Markentrockenfutter. Darin ist, in einem ausgewogenen Verhältnis, alles, was Ihr Welpe braucht: hoher Fleischanteil und eine leicht verdauliche Proteinquelle. Tipp: Es gibt Futtergeschäfte, die beschränken sich auf den Verkauf, in anderen gibt es geschulte Berater. So einen suchen Sie sich: Ein guter Verkäufer hat mehrere Seminare mitgemacht, kann die auf der Rückseite des Futtersacks stehende Deklaration interpretieren und erklären und empfiehlt nicht sofort die profitträchtigere Hausmarke. Und geraten Sie an einen guten, versteht der mehr vom Thema Futter als mancher Ernährungsberater.

Und welche Menge wird gefüttert?

Vertrauen Sie der Gewichtstabelle auf der Rückseite und verteilen Sie die Menge zu Beginn auf drei bis vier Mahlzeiten am Tag. Erst später wird der Hund auf ein oder zwei Mahlzeiten umgestellt.

Wichtig: Mit Futter, Leckerlis in der Hundeschule und noch ein bisschen was zwischendurch kommt schnell eine übermäßig große Menge Futter zusammen. Passen Sie da gut auf. „Ein guter Hund hungert sich groß", sagt man. Nun, hungern soll Ihr Welpe nicht, wenn er aber Übergewicht bekommt, schadet das den noch sehr weichen Gelenken!

Wiegen Sie Ihren Welpen regelmäßig.

Das ist anfangs eine zappelige Angelegenheit, mit der Zeit aber wird er lernen, ruhig zu stehen. Und die Mühe lohnt sich! Denn das Gewicht seines Hundes genau zu kennen, hat viele Vorteile: Sie erkennen erstens sehr schnell, wenn er droht übergewichtig zu werden. Außerdem wird Ihr Tierarzt Ihnen dankbar sein, denn er muss bei jeder Medikamentenabgabe wissen, was sein Patient wiegt, um die genaue Dosis bestimmen zu können.

☞ MAHLZEITEN AM TAG

ALTER	MAHLZEITEN
bis 3 Monate	4
bis 6 Monate	3
bis 12 Monate	2
ab 1 Jahr	1–2

BARFEN

Dass in industriellem Hundefutter vom alten Autoreifen bis hin zu auf der Straße zusammengekratzten Kadavern überfahrener Tiere allerlei „Rohstoffe“ verarbeitet werden, ist ein Gerücht, über das bereits mehrere Bücher geschrieben wurden und was sich bis heute hält. Tatsache ist, dass es in Nordamerika und Kanada in den 70er- und 80er-Jahren mehrere Hundefuttermittelskandale gab. Und so war es nur folgerichtig, dass sich bald eine Gegenbewegung zum Trend des Futters aus der Dose bildete. Die Initiatoren nannten sich „B.A.R.F.“, das Akronym von „Born-Again Raw Feeders“, übersetzt „Wiedergeborene Rohfleischfütterer“. Ihr Gedanke war – auch nach dem damaligen Stand der Wissenschaft – einleuchtend und lässt sich in einer einzigen Frage zusammenfassen: Warum sollte in der Fabrik zusammengemischtes Futter besser sein als das, was Wölfe fressen? Schließlich sind doch sie die Urväter unserer Hunde …

Der „Ein-Wolf-frisst-kein-Getreide“-Gedanke leuchtete vielen ein. Immer mehr Hundebesitzer begannen, ihre Hunde wie Wölfe zu füttern. Zur Massenbewegung wurde BARF (mittlerweile heißt es auf deutsch „Biologisch Artgerechte Rohfleischfütterung“) allerdings erst, seit Hundebesitzer nicht mehr um die Schlachtabfälle vom Metzger bitten oder an das Tor des Schlachthofs klopfen müssen. Portionsweise eingefrorenes Fleisch gibt’s heute an der Frischetheke der Futterhäuser, oder, noch bequemer, beim Klick-Shopping im Internet.

Barfen gilt bei vielen Hundebesitzern als gesündeste und vor allem artgerechteste Fütterungsmethode. Ernährungsberater und Tierärzte sehen das nicht immer so. Der Grund: Im Laufe der Domestikation haben sich Wolf und Hund – unabhängig von der genetischen Übereinstimmung – immer weiter voneinander entfernt. Richtig ist, dass der Wolf kein Getreide frisst. Sein Körper könnte damit nichts anfangen. Hunde aber vertragen Getreide und ziehen daraus sogar einen ernährungsphysiologischen Vorteil.

1 Zutaten für eine BARF-Mahlzeit

2 Auch Gemüse gehört in den Napf.

Nicht jeder Hund verträgt das Barfen, und mitunter reagieren gerade alte Hunde plötzlich anders auf ihr bisheriges Futter.

Überdies ist barfen nicht so einfach, wie es klingt. Denn bei einer rein fleischlichen Ernährung entsteht beim Hund ein Mangel an Vitaminen, Mineralien und Spurenelementen. Möchte man es richtig machen, muss man sich intensiv mit dem Thema beschäftigen und braucht neben Gemüse auch noch ein paar Zusatzprodukte.
Aus den Reihen der Tierärzte und Ernährungsberater gibt es sowohl Zustimmung als auch Kritik für BARF. Einig ist man sich, dass die Rohfleischfütterung – für Hunde, die es vertragen! – ein Weg ist, den Hund zu ernähren, wenn es gut und richtig gemacht wird. Kritik gibt es, weil die Praxis zeigt, dass viele gebarfte Hunde schlecht ernährt sind, weil sie es eben nicht vertragen oder ihre Besitzer etwas falsch machen.

Tipp: Wenn Sie barfen möchten, unterhalten Sie sich zuvor mit einem auf Hunde spezialisierten Ernährungsberater oder einem Tierarzt, der sich mit Diätik auskennt oder in seiner Praxis entsprechend geschultes Fachpersonal beschäftigt.
Auf jeden Fall muss es einen ans Alter und die Rasse angepassten, ausgewogenen Plan geben.
Und seien Sie selbstkritisch: BARF ist nicht für jeden, auch wenn die Meinungsmacher in den Sozialen Medien dies gerne behaupten. Ideologen haben viele gute Argumente, hier aber geht's um die Gesundheit Ihres Hundes.
Wenn der Hund BARF nicht verträgt, er aus der Wachstumskurve ausbricht oder Sie von Dritten Hinweise bekommen, dass er schlecht aussieht, stellen Sie auf eine andere Fütterung um. Über Futter wird viel diskutiert, Tatsache aber ist: Hunde werden immer älter und sind, verglichen mit den 80er-Jahren, auch gesünder. So schlecht kann das Futter aus der Tüte oder Dose also nicht sein.

WACHSTUM UND FUTTERUMSTELLUNG

Spätestens mit etwa sechs Monaten ist aus dem süßen Welpen ein schlaksiger, hochbeiniger Junghund geworden. Vizsla wirken in dieser Zeit oft sehr dünn bis dürr. Das ist einfach so. Geben Sie ihm jetzt auf keinen Fall mehr zu fressen! Durch das zusätzliche Futter nämlich wird er nicht dicker, sondern nur größer. Seine Knochen sind noch weich, die Gefahr von Knochenfehlstellungen und Knorpelschäden in den Gelenken ist in dieser Zeit groß. Läuft es schlecht, könnte er dann eine HD ausbilden.

Wenn Sie ganz sichergehen möchten, dass er nicht zu schwer wird, wiegen und messen Sie ihn regelmäßig und gleichen Sie die Ergebnisse mit einer Wachstumskurve für Vizsla ab. So können Sie eine eventuelle Falschfütterung schnell korrigieren und die Kalorienmenge angleichen.

DIE FUTTERUMSTELLUNG

Mit etwa zwölf Monaten ist Ihr Hund ausgewachsen. Seine genetisch vorgegebene Größe hat er nun erreicht, in den nächsten Monaten wird er nur noch kräftiger.

Aber Achtung: Ausgewachsen heißt nicht erwachsen. Vizsla entwickeln sich recht langsam. Um ihre volle geistige Reife zu erlangen, brauchen sie etwa drei Jahre!

Damit Ihr Hund körperlich jetzt nicht zu „kräftig" wird, müssen Sie sein Futter umstellen. Adultfutter hat eine geringere Nährstoffdichte und weniger Energie als das Welpenfutter. Lassen Sie sich mit der Futterumstellung ein paar Tage Zeit. Mischen Sie zu seinen Mahlzeiten jeden Tag ein bisschen von dem Adultfutter hinzu.

Sie müssen das Futter nicht sofort an seinem ersten Geburtstag umstellen. Der häufigste Fütterungsfehler nämlich besteht darin, dass Hundebesitzer aus Angst vor einer Energieüberversorgung zu früh auf Erwachsenenfutter umstellen. Wenn das passiert, bekommt er eventuell zu wenig Mineralien, Zink, Kupfer und Vitamine.

Lassen Sie sich ein paar Wochen Zeit und achten Sie auf seine körperliche Entwicklung. Und sollte es ein Problem geben, eine Bitte: Suchen Sie Rat. Nicht im Internetforum, sondern beim Fachmann. Es geht schließlich um Ihren Viszla.

Ähnlich wie bei Autos, gibt es auch in der Futterindustrie weltweit nur wenige Zulieferer. Am Ende kommt alles aus der gleichen Mühle …

TIERARZTBESUCH UND GESUNDHEITSVORSORGE

Wenn Sie Ihren Welpen vom Züchter holen, ist er acht bis zehn Wochen alt und sollte bereits einmal geimpft worden sein. Mit zwölf Wochen aber muss nachgeimpft werden.

IMPFUNGEN

Der Kleine bekommt eine Fünffachimpfung gegen Staupe, Hepatitis, Parvovirose, Leptospirose und Tollwut. Um eine Grundimmunisierung zu kriegen, muss er in den ersten zwei Jahren seines Lebens insgesamt fünf Mal geimpft werden, danach alljährlich gegen Leptospirose und all drei Jahre gegen Tollwut, Parvovirose, Hepatitis und Staupe.

Hepatitis contagiosa canis (HCC) ist eine durch Viren übertragbare Leberentzündung, die bei Hunden zum Tod führen kann.

Parvovirose ist eine hochansteckende, weltweit verbreitete Viruserkrankung. Sie wurde 1978 in Europa, in den USA und Australien nachgewiesen. Damals starben hunderttausende Hunde, meist sehr junge und ältere, geschwächte Tiere. Unbehandelt endet die Krankheit fast immer mit dem Tod. Überlebende Hunde haben hinterher meist große Herzprobleme. Wichtig: Bei schwachem Abwehrschutz können auch geimpfte Tiere erkranken.

Leptospirose ist eine durch Bakterien übertragene Infektionskrankheit.
Diese Bakterien befinden sich in warmblütigen Tieren, vor allem in Ratten und Mäusen. Mit dem Urin scheiden sie den Erreger aus. Menschen können sich über die Schleimhaut oder kleine Hautverletzungen infizieren, Hunde bei der Jagd nach Mäusen. Die Symptome ähneln einer starken Grippe, früh erkannt aber lässt sie sich gut behandeln.

Tollwut ist eine Krankheit, die immer tödlich verläuft. Deutschland gilt seit 2008 als tollwutfrei (mit Ausnahme der Fledermaustollwut), das aber bedeutet nur, dass es keine bekannten Fälle gibt. Deutschland ist keine Insel, und in den Nachbarländern tritt Tollwut immer mal wieder auf.

Wenn es hier keine Tollwut gibt, warum muss der Hund dann geimpft werden? Nun, wenn Sie mit Ihrem Hund ins Ausland reisen, wird die Impfung verlangt. Aber sie kann Ihnen auch hier helfen. Gäbe es hier nämlich einen Tollwutverdacht, müssten alle ungeimpften Hunde sofort eingeschläfert werden.

In der Regel übersteht der Welpe die Impfung sehr gut. Meist bleibt eine kleine Schwellung unter der Haut, in selteneren Fällen ist der Welpe durch die gewünschte Reaktion des Immunsystems ein wenig schlapp oder bekommt sogar Fieber. Danach aber ist wieder alles gut.

Staupe ist eine Viruserkrankung, die dank der Impfung heute bei Hunden nur noch selten auftritt. Vor der Impflicht allerdings erkrankten viele Tiere daran.
Hat sich ein Hund mit Staupe infiziert, so vermehren sich die Viren zunächst im Rachen und in den Lymphknoten der Bronchien. Anschließend wandern sie ins Knochenmark und Lymphgewebe und schließlich in die Schleimhäute von Atemwegen, in den Verdauungstrakt sowie in die Harn- und Geschlechtsorgane. Weiterhin besiedeln die Staupeviren das Nervengewebe des Hundes.

UND DAS IST IHR IMPFPLAN FÜR DIE GRUNDIMMUNISIERUNG

8. Lebenswoche: Erste Imfung
Staupe, Parvovirose, Leptospirose, Hepatitis
12. Lebenswoche: Zweite Impfung
Tollwut, Parvovirose, Leptospirose, Staupe, Hepatitis
16. Lebenswoche: Dritte Impfung
Staupe, Parvovirose, Hepatitis
15. Lebensmonat: Vierte Imfpung
Staupe, Tollwut, Parvovirose, Leptospirose, Hepatitis

Die Grundimmunisierung Ihres Vizsla ist jetzt abgeschlossen. Der Impfschutz gegen die meisten Krankheiten hält nun drei Jahre. Nur Leptospirose muss jährlich nachgeimpft werden.
Außerdem kann Ihr Tierarzt Ihren Vizsla je nach Lebensumständen oder Seuchenlage gegen Borreliose, Leishmaniose, Pilzinfektionen und Zwingerhusten impfen.

„Oh verdammt, ich muss zum Tierarzt.“ Ähnlich wie bei Kindern sollte der erste Besuch nicht zu unangenehm werden.

Kuscheln ist eine gute Vorbereitung auf den ersten Tierarztbesuch, denn der muss den Hund überall anfassen können.

VORBEREITUNG AUF DEN TIERARZTBESUCH

Viele Hunde haben Probleme mit dem Besuch beim Tierarzt. Sie wissen nicht, was passiert, und sollten Sie nervös sein, überträgt sich diese Stimmung auf Ihren Hund.

Mein Tipp: Spielen Sie mit Ihrem Welpen Tierarzt! Heben Sie ihn auf den Tisch, tasten Sie ihn ab, untersuchen ihn. Je häufiger Sie das machen, desto ruhiger wird der Kleine. Wenn Sie einen Metalltisch haben, üben sie dort. Tierärzte nämlich haben Edelstahltische. Die fühlen sich im ersten Moment kalt an. Gut, wenn Ihr Welpe das dann schon kennt.

Überhaupt sollten Sie dieses „Tierarztspielen" häufig wiederholen, und zwar nicht nur, um Ihrem Tierarzt einen Gefallen zu tun. Ihr Hund wird im Laufe seines Lebens immer wieder in Situationen kommen, wo er auf die Hilfe anderer Menschen angewiesen ist, beispielsweise wenn er sich verlaufen hat und herrenlos im Wald aufgegriffen wird. Oder wenn er einen Unfall hat und ein ihm Fremder vor Ort ist und ihm helfen will. Daher: Ihr Hund muss sich von Ihnen, aber auch von anderen ohne Gezappel hochheben lassen. Er muss sich gefallen lassen, wenn andere Menschen ihn anfassen, darf auf keinen Fall beißen und muss auch mal ruhig sitzen können.

WÄHLEN SIE EINEN RUHIGEN MOMENT

Rufen Sie vorher in der Praxis an und erkundigen Sie sich, wann am wenigsten Betrieb ist. Wenn Sie in ein volles Wartezimmer kommen, kann es mit einem Welpen auf dem Arm ganz schön tumultig werden. Ersparen Sie sich diesen Stress.

Stichwort Stress: Hunde haben sehr feine Antennen für Stimmungen und Gefühlsschwankungen. Sie können uns buchstäblich lesen. Kleines Problem: Sie „übernehmen" diese Stimmungen. Wenn Sie beim Tierarzt also nervös sind, ist Ihr Hund es mit ziemlicher Sicherheit auch. Deshalb: Bereiten auch Sie sich innerlich auf den Tierarztbesuch vor. Wenn Sie nicht sehen können, wie Ihr Hund eine Spritze bekommt, schauen Sie nicht hin, sondern unterhalten sich beiläufig mit dem Arzt über andere Themen. Wenn Ihr Welpe Angst hat und zittert, können Sie ihn streicheln, auf keinen Fall aber sollten Sie seine Angst bestätigen.

MACHEN SIE SICH EINE FRAGENLISTE

Ihr Tierarzt ist nicht nur für den Notfall da, sondern Ihr Ansprechpartner für alle Fragen rund um den Hund. Wenn Sie also Fragen haben zum Thema Entwurmung, Ernährung, Ungezieferschutz oder Sport, stellen Sie sie. Machen Sie sich am besten eine Frageliste, damit Sie in der Praxis nichts vergessen.

PARASITEN

WÜRMER

Mit Würmern kann sich Ihr Hund jederzeit und an fast jedem Ort anstecken. Beim Spazierengehen in der Stadt, beim Herumstromern auf der Wiese oder im Wald ... Der Grund: Jedes Tier, das Spulwürmer hat, scheidet mit seinem Kot Wurmeier aus. Diese „reifen" innerhalb weniger Tage zu infektiösen Eiern heran. Und die sind nach der Reife sehr widerstandsfähig und können über Monate, teils Jahre ansteckend sein und durch Tiere, Menschen, Erde und Wasser – unabhängig von sichtbaren Kotspuren – nahezu überall hin weiter getragen werden und dort von Ihrem Hund unbemerkt aufgenommen werden.

ENTWURMUNG

Entwurmung ist ein ziemlich wichtiges Thema, weil sich Ihr Hund schnell irgendwo Würmer und andere Parasiten einfängt. „Na und, ist doch natürlich. Deshalb muss man seinem Hund doch nicht gleich eine Giftpille geben.", sagen jetzt einige. Nein, das muss man wirklich nicht, zumindest nicht, wenn einem egal ist, ob man selbst oder die Familie krank wird. Dem Hund ist der Wurm- und Parasitenbefall nämlich sehr oft und sehr lange vollkommen egal. Das Problem aber ist: Er gibt sie weiter ... – und wenn man Kinder im Haus hat oder Angehörige, deren Immunsystem aufgrund einer Krankheit gerade geschwächt ist, ist das nicht ungefährlich.

Würmer und Parasiten sind ein echtes Gesundheitsrisiko!

Womit die „Entwurmungsgegner" recht haben: Die Mittel für die Entwurmung haben es in sich! Schließlich sollen sie,

Gegen Zecken hilft leider nur Chemie. Bernsteinhalsbänder oder Kokosöl bringen nichts.

zumindest wenn sie etwas taugen, im Körper unseres Hundes Parasiten, also andere Tiere, abtöten. Sie sind also Gift.
Deshalb stellt sich die Frage, wie oft man entwurmen sollte, denn jeder Hund lebt anders: Hunde in der Stadt, die viel an der Leine geführt werden, haben oft gar keine Chance, mal eine Maus zu fressen oder an ein Stück Aas zu kommen, an dem sie sich mit Spulwürmern infizieren könnten. Jagdhunde aber kommen relativ oft mit Wild in Berührung, und da kann man nie sicher sein, was das mit sich herumschleppt. Mit der Frage des individuellen Entwurmungsschemas beschäftigen sich deshalb rund ums Jahr jede Menge Parasitologen und Tierärzte, allen voran das Team der ESCCAP, der „European Scientific Counsel Companion Animals Parasites". Auf ihrer Internetseite (www.esccap.de) stellt die Organisation einen Test zur Verfügung, mit dem man schnell ermitteln kann, zu welchem „Entwurmungsprofil" man gehört und wie sehr man die Entwurmung beschränken kann.
Die grundsätzliche Empfehlung lautet aber: Entwurmung alle drei Monate. Alternative: Sie geben Ihrem Tierarzt eine Kotprobe zur Untersuchung. So entwurmen Sie nur, wenn es notwendig ist.

ZECKEN

Gleich vorweg: Es geht beim Zeckenschutz nicht um den Zeckenstich selbst, denn dieser hat für den Hund kaum Folgen. Es sind die teilweise lebensbedrohliche Erkrankungen wie Borreliose, Anaplasmose, Babesiose oder die Frühsommer-Meningoenzephalitis (FSME) verursachenden Viren, die so gefährlich sind. Es gibt Studien, nach denen in Deutschland jede Menge Zecken krank machende Viren in sich tragen. Dennoch gilt: Nicht jeder Kontakt mit einer infizierten Zecke führt zu einer Infektion und nicht jede Infektion auch zu einer schweren Krankheit. Trotzdem sollte man den Zeckenschutz nicht vernachlässigen!
Grundsätzlich beginnt die „Zeckensaison" im März und geht bis November. Manche Zeckenarten, wie zum Beispiel die Bunt-

Manchmal sind sie einfach zum Küssen. Schlecht, wenn man sich dabei mit Würmern infiziert.

zecke, sind allerdings bereits ab sieben Grad Außentemperatur aktiv. In einem warmen Winter darf man sich deshalb nicht wundern, wenn der Liebling plötzlich eine der Tierchen mit nach Hause bringt. Sie sitzen im Gras und warten darauf, dass ein Wirt wie Hund oder Katze vorbeiläuft. Dass sie sich von Bäumen auf mutmaßliche Wirte herabfallen lassen, ist ein Mythos.
Was kann man gegen sie tun? Im Grunde hilft nur Chemie. Studien haben ergeben, dass viele Zecken selbst bei einer täglichen, sorgfältigen Suche im Fell des Hundes erst entdeckt werden, wenn sie nach etwa zehn Tagen Saugzeit so groß sind wie ein Kirschkern. Wenn man eine gefunden hat, zieht man sie am besten mithilfe einer Zeckenzange heraus. Bitte nicht drehen, da dabei oft Kopf oder Beinchen der Zecken abreißen. Diese Stellen entzünden sich dann …

FLÖHE

Flöhe sind flügellose, seitlich abgeplattete Insekten, die durch die Haut stechen und Blut saugen. Auf dem Hund finden Sie nur erwachsene Flöhe. Diese legen Eier, aus denen sich Larven und Puppen und schließlich neue Flöhe entwickeln. Und nun kommt die schlechte Nachricht: Diese Eier, Larven und Puppen sind nicht auf dem Hund, sondern in dessen Umgebung, sprich in Ihrer Wohnung. Finden können Sie sie vor allem an seinen Lieblingsplätzen (zum Beispiel Sofa oder Bett), im Teppich und im Auto. Da hilft nur putzen!
Flöhe sind übrigens nicht nur lästig, sondern auch gefährlich. Manche Hunde jucken sich derart stark, dass Hautwunden entstehen. Andere entwickeln eine Allergie gegen den Flohspeichel, was meist zu einer großflächigen Dermatitis führt. Außerdem können Flöhe Würmer und die Erreger anderer Krankheiten übertragen.

MILBEN

Milben gibt es – je nach Art – von mikroskopisch klein bis „mit dem Auge gut zu erkennen“. Gemein ist allen, dass sie einen Juckreiz hervorrufen. Je nach Art befallen sie unterschiedliche Körperregionen, etwa die Ohren oder die Nase, manche graben Gänge unter der Haut, andere leben im Fell. Die meisten sind für Menschen ungefährlich, die Grabmilbe aber ist hochansteckend.

Kinder und immungeschwächte Angehörige sind besonders gefährdet.

Sie verursacht „Räude", (beim Menschen nennt man es „Krätze), gräbt sich bei Wildtieren unter die Haut und legt ihre Eier dort ab. Die betroffenen Tiere kratzen sich meist wund und – wenn es Wildtiere sind – sterben einen qualvollen Tod. Wenn sich Ihr Hund bei einem Wildtier angesteckt hat, kann es auch Sie und Ihre Familie erwischen – und dann stehen alle mit entsprechendem Shampoo unter der Dusche, kochen die Wäsche ab und reinigen Polster, Fußböden und Teppiche!

LÄUSE

Genau wie Flöhe sind Läuse Blutsauger und verusachen Hautschäden. Anstecken kann sich Ihr Hund bei jedem anderen verlausten Hund. Die gute Nachricht: Die Läuse bleiben auf Ihrem Hund. Sie müssen also weder die Wohnung desinfizieren, noch um ihre eigene Gesundheit fürchten. Sie erkennen einen Lausbefall daran, dass sich Ihr Vizsla stark kratzt. In der Regel sieht auch sein Fell schlecht aus. Haben Sie den Verdacht, dass Ihr Hund Läuse hat, gehen Sie zum Tierarzt. Der kämmt ein bisschen Fell heraus und legt die Probe unters Mikroskop.

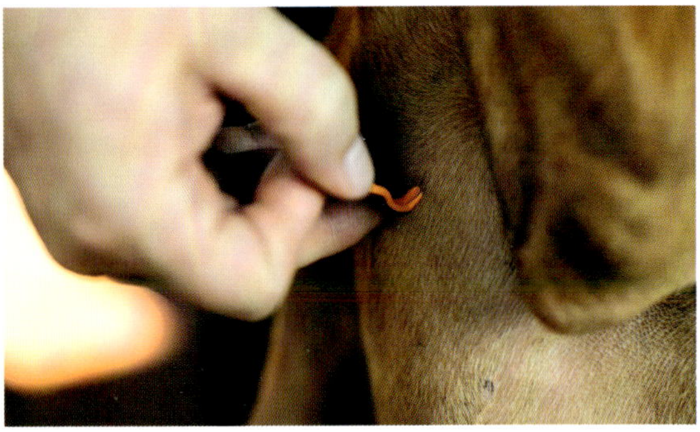

Winzige Zecken lassen sich meist nur mit Zange oder Haken entfernen.

HAARLINGE

Haarlinge sind ein bis zwei Millimeter große Parasiten, die sich von Hautschuppen ernähren und im Fell Eier legen, aus denen dann wieder Larven werden. Es gibt sie tatsächlich überall, besonders häufig aber in Skandinavien. Anstecken können sich die Tiere direkt bei anderen befallenen Hunden (Beschnüffeln, Herumtoben) oder indirekt, wenn Tierhalter für mehrere Hunde die gleichen Gegenstände wie Bürsten, Kämme oder den Schlafplatz nutzen. Besonders häufig betroffen sind alte, junge oder immungeschwächte Tiere, vor allem schlecht gepflegte oder streunende Tiere. Auch Jagdhunde sind häufiger betroffen.

GIARDIEN

Giardien sind Einzeller, die ziemlich lästig und schwer wieder wegzubekommen sind. Es ist eine Schmierinfektion. Mit Giardien infizierte Hunde und Katzen scheiden mit ihrem Kot Giardienzysten aus. Ihr Tier kann sich anstecken, wenn es solche Zysten mit dem Maul unbemerkt aufnimmt. Dafür muss es noch nicht mal am Kot des infizierten Hundes schnuppern, die Zysten überleben auch in feuchter Erde und im Wasser mindestens drei Monate. Auch eine Übertragung auf den Menschen ist möglich. Anzeichen eines Giardienbefalls sind schwere, andauernde Durchfälle mit dünnbreiiger bis wässriger Kotkonsistenz und Schleimhautbeimengungen. Außerdem Appetitmangel, Schwäche und Erbrechen.

PFLEGE

Bei eisigem Ostwind am Ententeich braucht Ihr Vizsla eine Wärmeweste, das Thema hatten wir ja schon. Aber so ein Vizsla besteht ja nicht nur aus „wenig Fell“: Augen, Ohren, Pfoten, Zähne – auch danach sollte man schauen.

FELLPFLEGE

Kurz mal feucht abwischen, gut ist! Nein, nicht ganz. Das Fell des Vizsla ist zwar tatsächlich recht pflegeleicht, dennoch sollten Sie ihn regelmäßig bürsten, denn obwohl sich bei ihm Sommer- und Winterfell nicht unterscheidet, werden alle Haare am Körper ständig erneuert. Und das heißt: Er haart, und das sogar ziemlich stark. Gut, das sind nur Einzelhaare, aber die stecken wie kleine Pfeile im Polster. Tatsächlich kommt damit nicht jeder Staubsauger klar. Deshalb: Was Sie an regelmäßiger Striegelarbeit investieren, können Sie später an Saugleistung einsparen.
Außerdem: Schauen Sie Ihren Hund von Zeit zu Zeit an, als würden Sie ihn zum ersten Mal sehen. Denn das Fell ist eine Art Gesundheitsbarometer. Es sollte glänzen, nicht unangenehm riechen und sich nicht fettig anfühlen. Ist es stumpf, fühlt sich drahtig und ölig an, ist das ein Zeichen, dass irgendetwas nicht stimmt.

Beim Vizsla kann man beinahe alles mit Kuscheln verbinden, selbst die Fellpflege.

AUGEN

Ähnlich wie das Fell, so kann Ihnen auch ein liebevoller Blick in die Augen schon eine Menge über den Gesundheitszustand Ihres Vizsla sagen: Sie sollten klar und lebendig aussehen. Außerdem sollte die Augenumgebung sauber sein.
Auch wenn der Vizsla (anders als viele andere, besonders kleine Rassen) nicht zu Augenkrankheiten neigt, gilt generell: Hundeaugen sind empfindlich, und auch wenn sie „selbstreinigend“ sind (die Tränenflüssigkeit erledigt das), brauchen sie mitunter ein wenig Pflege: Bei verklebten Hundeaugen hilft ein weiches, flusenfreies, in warmes Wasser getunktes Baumwolltuch, das Sie entlang des Auges von innen nach außen wischen. Damit sich keine Keime übertragen, sollten Sie für jedes Auge ein frisches Tuch nehmen. Und wenn Sie merken, dass Ihr Hund überdurchschnittlich lichtempfindlich ist, den Kopf am Teppich reibt, häufig blinzelt oder das Auge ständig mit den Pfoten berührt, dann ist es Zeit, für einen Tierarztbesuch.

ZÄHNE

Irgendwann zwischen dem 4. und 7. Monat wechselt Ihr Hund sein Gebiss und tauscht seine 28 Milchzähne gegen ein 42 Zähne

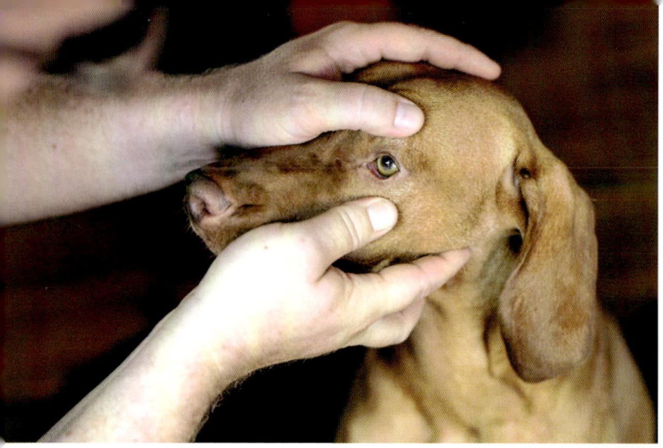

Ist das Auge klar, die Augenumgebung sauber? Dann ist alles gut.

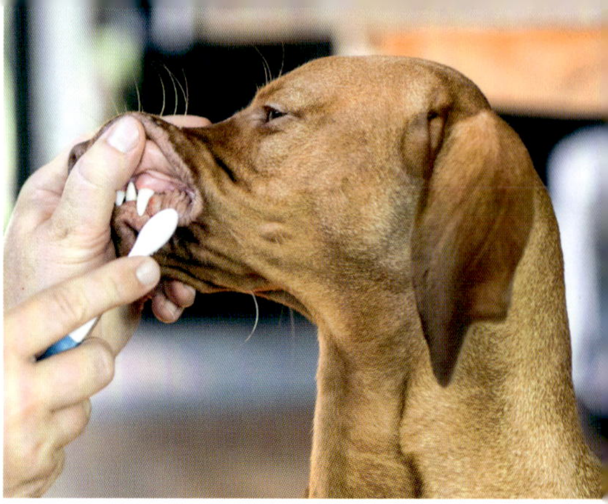

Zahnpflege ist wichtig, das Putzen allerdings lässt nicht jeder Hund zu.

umfassendes Dauergebiss. Dass Sie mal einen Milchzahn finden, ist selten (die meisten werden verschluckt), dennoch sollten Sie den Zahnwechsel aktiv begleiten und kontrollieren, ob alles glatt läuft (siehe Seite 78). Mitunter will so ein Milchzahn nämlich nicht gehen – und wenn der Dauerzahn schon da ist, wird's eng und tut auch weh. Das Dauergebiss ist ziemlich stabil. Karies zum Beispiel haben nur fünf Prozent aller Hunde. Probleme macht eher Zahnstein, der sich durch mineralisierte Belege bildet. Hat Ihr Hund viel Zahnstein, entzündet sich das Zahnfleisch, Bakterien dringen ein, Giftstoffe bilden sich und gelangen in den Körper. Außerdem riecht es. Und da hilft nur eines: Zahnsteinentfernung beim Tierarzt. Vorbeugend können Sie putzen und Ihrem Hund Kauknochen, harte Hundekekse oder spezielle Spielzeuge zur Zahnreinigung geben.

PFOTEN

Die Hundepfote ist ein kleines anatomisches Wunderwerk. Sie ist – bei richtiger Pflege – fast unkaputtbar. Unter einer extrem widerstandsfähigen Hornhaut, die auf fast jedem Untergrund für den richtigen „Grip" sorgt, liegt eine dicke Fettschicht, die Dämpfung, um Knochen und Gelenke zu schützen. Diese Hornhaut ist derart robust, dass das Thema „durchgelaufene Pfoten" eigentlich nur für Hunde gilt, die auf Asphalt mehrfach entweder abrupt abbremsen oder beschleunigen (zum Beispiel Hunde, die in Panik weglaufen). Im „Normalbetrieb" gehen sie, obwohl sie das gesamte Gewicht des Hundes tragen, nur sehr selten kaputt. Nicht so robust ist allerdings die recht elastische Haut zwischen den Zehen, die dafür sorgt, dass der Hund wendig ist. Kontrollieren Sie die Pfoten regelmäßig auf Verletzungen, Fremdkörper, Rötungen der Zwischenzehenhaut etc. Wenn im Winter die Straßen gestreut sind, ist es gut, die Pfoten nach dem Spaziergang abzuspülen und sie von Zeit zu Zeit mit Fett oder Hirschtalg einzureiben.

KRALLEN

Wenn der Hund viel auf Asphalt läuft, kürzen sich die Krallen meist von allein. Wenn Sie dennoch mal zu lang werden (man hört das, beim Laufen über Holz- oder Laminatfußböden), sollten Sie sie mit der Krallenschere kürzen. Achtung: Das äußere Ende der Kralle ist „tot", kurz dahinter aber verlaufen im Inneren Blut- und Nervengefäße. Schneidet man da rein, fängt es an zu bluten ... Lassen Sie sich das Krallenschneiden am besten das erste Mal vom Tierarzt zeigen.

OHREN

Auf die Ohren sollten Sie am stärksten achten. Sie sind nämlich tatsächlich anfällig.

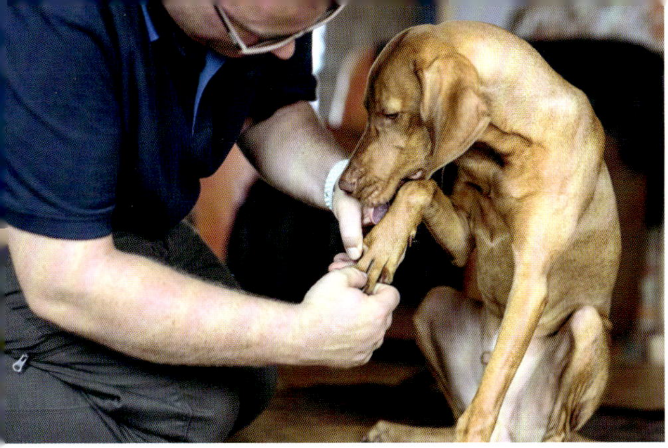

Krallen- und Pfotenkontrolle sollte zur Routine werden.

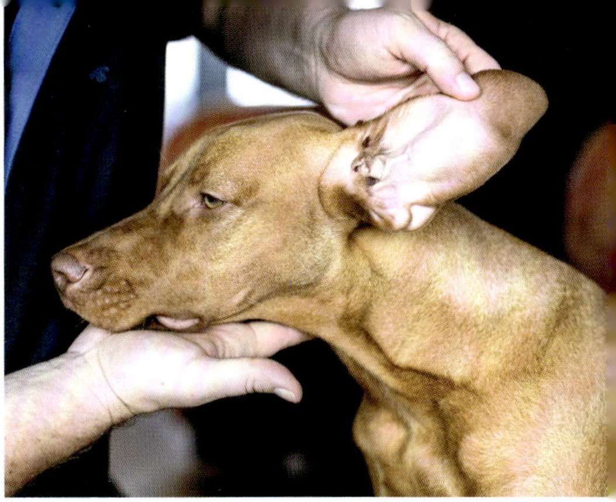

Das Ohr können Sie nur sauber wischen. Den Rest macht der Tierarzt!

Und warum? Weil der Vizsla Hängeohren hat, und die sind naturgemäß schlecht durchlüftet und durch ihr warmes und feuchtes Klima ein idealer Nährboden für Keime, Pilze und Bakterien jeder Art. Auch Parasiten lieben so ein Milieu! Die gute Nachricht: Die Ohren haben einen im Grunde ziemlich gut funktionierenden Selbstreinigungsmechanismus. Das Putzmittel heißt „Ohrenschmalz". Und jetzt kommt eine schlechte Nachricht: Außer mit einem feuchten Baumwolltuch die Ohrmuschel sauber zu halten, können Sie gar nichts tun, weil Sie an die wichtigen Teile des Ohres nicht rankommen. Das Hundeohr macht nach wenigen Zentimetern nämlich einen scharfen Knick, und alles, was dahinter liegt, ist nur für den Tierarzt mit speziellen Instrumenten erreichbar. Das heißt: Wenn es aus der Ohrmuschel heraus riecht, der Hund sich oft am Ohr kratzt, den Kopf schief hält, ihn schüttelt oder beim Berühren der Ohren winselt und quietscht, ist es Zeit, zum Tierarzt zu fahren.

DIE ANALDRÜSEN

Das Thema „Analdrüsen" stinkt den meisten Hundebesitzern, früher oder später aber bekommt fast jeder damit zu tun. Gut, wenn man dann weiß, was zu tun ist: Die Analdrüsen liegen rechts und links am Darmausgang, in einer kleinen vom Schließmuskel umgebenen Kuhle. Sie produzieren ein bräunliches, für uns Menschen widerlich riechendes Sekret, das in einem Beutel gesammelt wird und sich beim Kotabsatz mit dem Kot des Hundes vermischt. Der Geruch dieses Sekrets ist die ganz eigenen Duftnote Ihres Vizsla in der Welt der Hunde, und sie dient vor allem zur Reviermarkierung.
Solange der Kot Ihres Hundes nicht zu weich und nicht zu fest ist, werden die Beutel bei jedem „Geschäft" ausgedrückt. Funktioniert die Verdauung aber nicht gut, wird das Sekret übersäuert und dabei so zäh, dass es nicht mehr abgeführt werden kann. Das Ergebnis: eine Verstopfung. Hundebesitzer merken das oft daran, dass der Hund anfängt, auf seinem Hintern über den Teppich zu rutschen. Er versucht damit, den durch die Übersäuerung der Dickdarmschleimhaut entstehenden Juckreiz zu bekämpfen. Das Rutschen allein ist noch kein sicherer Hinweis darauf, dass die Analdrüsen verstopft sind, nachschauen (lassen) aber sollten Sie.
Das Ausdrücken der Analdrüsen ist nicht schwer, riecht aber nicht gut. Wenn Sie beherzt sind, können Sie es selbst machen, allerdings sollten Sie es sich vorher einmal von Ihrem Tierarzt zeigen lassen. Alles, was Sie brauchen, ist Küchenpapier, Gummihandschuhe und etwas Öl als Gleitmittel. Na ja, und allzu empfindlich sollten Sie tatsächlich nicht sein.

WIE GESUND IST DER VIZSLA?

— *Ein Interview mit Dr. Andreas Engelke*

Die gute Nachricht gleich vorweg: Vizsla sind eine der gesündesten Rassen der Hundewelt. „Sorgen mache ich mir nicht, wenn einer im Wartezimmer sitzt." Dennoch rät der Inhaber der Tierklinik Quickborn zu mehr Obacht, besonders bei der Zucht.

Herr Dr. Engelke, Sie besitzen seit mehr als 20 Jahren Vizsla. Wie würden Sie die Gesundheit der Rasse aus Sicht des Tierarztes beurteilen?

Dr. Andreas Engelke: Generell sehr gut. Zumindest mache ich mir keine Sorgen, wenn ich einen Vizsla auf dem Klinikparkplatz aus dem Auto springen sehe. Da gibt es andere Rassen, bei denen man als Tierarzt gleich dunkle Vorahnungen bekommt. Vizsla gehören nicht dazu.

Sie meinen, dass die Rasse durch und durch gesund ist?

Dr. Andreas Engelke: Ich meine, dass es, soweit ich das aus meinem Klinikalltag, dem Austausch mit Kollegen und der Fachliteratur bestätigen kann, beim Vizsla noch keine typischen Erkrankungen gibt, wie sie bei anderen Rassen auftreten. Zumindest noch nicht.

Das heißt, dass der Vizsla frei ist von Erbkrankheiten?

Dr. Andreas Engelke: Nein, das heißt nur, dass es keine Krankheiten gibt, die so häufig auftreten, dass man sie als rassetypisch bezeichnen könnte. Aber in einer Studie von 2003 wird der Verdacht geäußert, dass Tiere Epilepsie vererben. Und das kann ich aus meiner Praxis sogar bestätigen. Ich habe im Laufe der Jahre einige Vizsla gesehen, die regelmäßig krampfen.

Aber das ist eine Studie aus 2003…

Dr. Andreas Engelke: Ja, sie ist nicht aktuell, aber neuere Daten gibt es kaum, und aus Deutschland schon mal gar nicht.

Warum nicht?

Dr. Andreas Engelke: Weil die große Mehrheit der in Deutschland lebenden Vizsla entweder aus unkontrollierten Ver-

Seit 20 Jahren ein Vizsla-Fan: Dr. Andreas Engelke.

Vom Jagdhund zum Modehund.

mehrungen oder aus dem Tierschutz stammen und es da niemanden gibt, der entsprechende Daten sammeln will oder auch könnte. Und der einzige Verein, der kontrolliert im VDH züchtet, der Verein Ungarischer Vorstehhunde, bemüht sich zwar um Daten, bekommt sie aber nicht immer.

Was läuft da schief?

Dr. Andreas Engelke: Um aussagekräftige Daten zu bekommen, müssen alle an einem Strang ziehen. Um mal ein konkretes Beispiel zu nennen: Die Züchter im VUV bitten die neuen Welpenbesitzer zwar, ihre Hunde mit einem Jahr röntgen zu lassen und die Bilder einem Gutachter vorzulegen. Wenn von 250 Welpen aber nur 70 Ergebnisse rückgemeldet werden, ist das statistisch zu wenig, um eine Aussage über die Hüften aller im Verein gezogener Hunde zu treffen.

Stichwort Hüfte: Ist HD ein Problem?

Dr. Andreas Engelke: Nein, zumindest nicht, wenn es um klinische Fälle geht, also Fälle, in denen Hunde erkennbare Symptome und Beschwerden haben. Natürlich gibt es immer mal wieder auffällige Hunde, aber das sind tatsächlich Einzelfälle. Interessant aber ist: Für eine in den USA durchgeführten Studie zum Thema Tiergesundheit wurden 11.601 Vizsla untersucht. Die gute Nachricht lautet: Nur 7,2 Prozent von ihnen hatten eine Hüftdysplasie. Das ist eines der besten Ergebnisse, die man in der Rassehundewelt findet. Aber: Unter dem sehr strengen Blick des Röntgendiagnostikers hatten auch nur 16 Prozent der untersuchten Hunde eine Hüfte, die man als „sehr gut“ bezeichnen würde. Ich denke, das Thema muss man im Auge behalten.

Weiß man, woher die 7,2 Prozent ihre HD haben?

Dr. Andreas Engelke: Nein, aber da gibt es mehrere Möglichkeiten. Hüftdysplasie ist nämlich eine Multifaktorenkrankheit.

Das bedeutet, dass man die Ursache für eine HD nie genau ermitteln kann?

Dr. Andreas Engelke: Ja, das heißt es. HD kann vererbt werden. Aber man kann vom Züchter auch einen kerngesunden Welpen mit perfekten Hüften bekommen und ihm dann selbst die Hüften ruinieren. Zum Beispiel durch falsche Fütterung oder – und man wundert sich, wie viele Menschen so etwas machen – indem man ihn schon sehr früh mit zum Joggen nimmt oder lange neben dem Fahrrad laufen lässt.

Wie stehen Sie zum Thema Kastration?

Dr. Andreas Engelke: Das ist ein schwieriges Thema, weil da unter Tiermedizinern gerade ein Umdenken stattfindet bzw. in der Forschung sehr viel diskutiert wird. Bisher sind Hunde sehr schnell kastriert worden, weil man davon überzeugt war, dass die Vorteile die Nachteile überwiegen. Bei Rüden ging es oft um eine Veränderung des Verhaltens, Hündinnen wollte man dadurch vor Brustkrebs und anderen Tumorerkrankungen bewahren.

Und das ist nicht so?

Dr. Andreas Engelke: Nun, es gibt im Augenblick zumindest sehr begründete Zweifel daran, dass wir einem Hund mit einer Kastration nur Gutes tun.

Können Sie konkreter werden?

Dr. Andreas Engelke: Für eine Studie hat man in Amerika den Werdegang von 2.505 kastrierten Vizsla verfolgt, Hündinnen und Rüden. Heraus kam, dass beinahe alle Tiere ein mehrfach höheres Risiko hatten, an Mastzellentumoren, einem Hämangiosarkom, ein sehr bösartiger Tumor, und Lymphdrüsenkrebs zu erkranken. Andere

Teamarbeit mit Hund und Vogel, die Domäne der Vizsla.

Die Jagd am Wasser: früher Schwachpunkt der Hunde, heute, dank guter Zucht, selten ein Problem.

Studien kommen zu dem Schluss, dass das Risiko, Knochenkrebs zu bekommen, bei kastrierten Hunden drei- bis viermal höher ist als bei intakten Artgenossen. Auch Verhaltensstörungen wie Angst bei Gewitter kam bei kastrierten Tieren häufiger vor. Und es gibt weitere Studien …

Heißt das, Sie würden von einer Kastration abraten?

Dr. Andreas Engelke: Das heißt, dass seitens der Forschung gerade unser ganzes bisheriges Wissen über Kastrationen umgeworfen wird. Vor diesem Hintergrund würde ich allen Hundebesitzern raten, gemeinsam mit dem Tierarzt sehr genau zu überlegen, warum der Hund kastriert werden soll.

Wenn Sie die in Ihrer Klinik behandelten Vizsla beurteilen müssten, welches Urteil würden Sie fällen?

Dr. Andreas Engelke: Größtenteils wirklich unkompliziert. Es ist keine Rasse, bei der man sich bereits im Vorfeld ernste Gedanken um eine Krankheit machen müsste. Das muss allerdings nicht so bleiben, denn Rassen sind empfindlich und die meisten Vizsla in Deutschland werden eher vermehrt als sorgfältig gezüchtet. Es wäre gut, wenn sich das ändern würde.

In anderen Ländern ist die Situation übrigens sehr ähnlich. In England gibt es beispielsweise Projekte, für die Tierarztpraxen alle ihre Patientendaten anonymisiert melden. So ist man da sehr genau über die Probleme aller vorgestellten Rassen informiert. Und Vizsla sind auffällig genug geworden, dass der dortige Vizsla-Club drei Studien in Auftrag gegeben hat, die sich mit Epilepsie, Polymiositis, das ist eine seltene Muskelerkrankung, und Immunerkrankungen beschäftigen.

Sie besitzen zwei Hündinnen, Patty und Frieda. Vor ihnen hatten Sie bereits einen Rüden. Würden Sie vom Vizsla jemals zu einer anderen Rasse wechseln?

Dr. Andreas Engelke: Nein, nicht, wenn ich es verhindern kann!

SERVICE
— *Wissenswertes für Hundehalter*

ZUM WEITERLESEN

Blawe, Stefanie, Claudia Fries:
Der Weg zum erfolgreichen Jagdhund. Von der Welpenerziehung zum fertigen Helfer.

Bruns, Sandra, Lara Sophie Steinhoff:
Vorsicht, giftig! Anti-Giftködertraining für Hunde. Mit Erste-Hilfe-Maßnahmen.

Fiedler, Anja:
Jagdverhalten verstehen, kontrollieren, ausgleichen. Wege in den Freilauf.

Fichtlmeier, Anton:
– Grunderziehung für Welpen.
– Der Hund an der Leine. Kommunikationshilfe und Signalübermittlung.
– Suchen und Apportieren.

Gansloßer, Udo, Kate Kitchenham:
– Beziehung – Erziehung – Bindung. Wie Hunde sich an unserer Seite entfalten können.
– Hundeforschung aktuell. Kaniden im Fokus der Wissenschaft.

Gansloßer, Udo, Petra Krivy:
– Schlau macht wau. Was Hunde alles wissen und können. 22 Test zum Ausprobieren.
– Verhaltensbiologie Hund – Praxisbuch. Wie Rasse, Geschlecht, Aussehen und Alter das Verhalten beeinflussen.

Kitchenham, Kate: **Spielekiste für Hunde.** 5 Spielzeuge – 50 Spielideen.

Przygoda, Jeanette:
Gemeinsam unterwegs. Gassi-Spaß für jeden Hundetyp.

Radant, Uwe: **Zughundesport.** Canicross, Bikejöring, Dogscooter.

Schäfer-Koll, Sandra:
Rally Obedience.

NÜTZLICHE ADRESSEN

FCI Generalsekretariat
www.fci.be

Verband für das Deutsche Hundewesen (VDH)
www.vdh.de

Verein Ungarischer Vorstehhunde (VUV e. V.)
www.vuv-vizsla.de

Österreichischer Kynologenverband (ÖKV)
www.oekv.at

Schweizerische Kynologische Gesellschaft (SKG)
www.skg.ch

Ungarischer Kennelclub
www.kennelclub.hu

REGISTER

BILDNACHWEIS

115 Farbfotos wurden von Anna Auerbach/Kosmos extra für dieses Buch aufgenommen. Weitere Farbfotos von Philip Alsen (15: Seite, 36, 37, 46, 48, 51, 52, 53, 54, 55, 121, 122, 123), Anna Auerbach (10: Seite 4, 5, 9, 16, 18, 19, 20, 21), Anja Möller (1: Seite 58), Heike Schmidt-Röger (2: Seite 107), Kristina Wätzel (1: Seite 11)

IMPRESSUM

Umschlaggestaltung von WALTER Typografie & Grafik GmbH, Würzburg unter Verwendung von Farbfotos von Trio Bildarchiv/Monika Bogner (U1), Anna Auerbach/Kosmos (U4 und Umschlagklappen mit Ausnahme des Autorenfotos), Kristina Wätzel (Autorenfoto auf der hinteren Umschlagklappe) und Illustrationen von Shutterstock/Nikiteev_Konstantin.

Mit 145 Farbfotos.

Unser gesamtes Programm finden Sie unter **kosmos.de.**
Über Neuigkeiten informieren Sie regelmäßig unsere
Newsletter, einfach anmelden unter **kosmos.de/newsletter**

Gedruckt auf chlorfrei gebleichtem Papier

ISBN 978-3-440-15851-7
Redaktion: Ute-Kristin Schmalfuß
Gestaltungskonzept: Peter Schmidt Group GmbH, Hamburg
Gestaltung und Satz: Claudia Adam Graphik-Design, Darmstadt
Produktion: Nina Renz
Druck und Bindung: Westermann Druck Zwickau GmbH, Zwickau
Printed in Germany/Imprimé en Allemagne

FSC
www.fsc.org
MIX
Papier aus verantwortungsvollen Quellen
FSC® C110508

Auszug aus dem Rassestandard
— Magyar Vizsla

Eine vollständige Standardfassung finden Sie unter: http://www.fci.be/de/

Allgemeines Erscheinungsbild

Mittelgroßer, eleganter Jagdhund von edlem Äußeren und mit kurzem, semmelgelbem Haarkleid. Der eher leichte, trockene, hagere Aufbau spiegelt die Harmonie von Schönheit und Kraft wieder.

Wichtige Proportionen

Die Körperlänge übertrifft etwas die Widerristhöhe. Die Brustkorbtiefe beträgt etwas weniger als die Hälfte der Widerristhöhe.
Der Fang ist etwas kürzer als die Hälfte der Kopflänge.

Verhalten/Charakter (Wesen)

Lebhaft, freundlich, ausgeglichen, leicht erziehbar. Die hervorragende Kontaktbereitschaft gehört zu seinen grundlegenden Eigenschaften. Er verträgt keine grobe Behandlung und darf weder aggressiv noch scheu sein.

Kopf

Trocken, edel, wohl proportioniert.

OBERKOPF:

Schädel: Mäßig breit, leicht gewölbt, in der Mitte eine schwach ausgebildete Stirnfurche aufweisend, die von dem mäßig entwickelten Hinterhauptbein ausgeht und in Richtung des Stopps verläuft.
Die Augenbrauenbogen sind mäßig entwickelt.
Stopp: Mäßig.